机械制图习题集

机类、近机类

（第4版）

冯涓　杨惠英　王玉坤　主编

清华大学出版社

北京

内 容 简 介

本习题集与清华大学冯涓、杨惠英、王玉坤主编的《机械制图(机类、近机类)(第4版)》教材配套使用,其编排顺序与教材相同。

习题集的内容包括字体与线型;点、直线、平面的投影及其相对位置;投影变换;体的投影;体表面的交线(截交线、相贯线);组合体的画图及读图;机件图样的画法;尺寸标注;轴测图;螺纹及螺纹紧固件;机械常用件及标准件;零件图;零件的技术要求;装配图;尺规作图与徒手绘图;用AutoCAD软件绘制平面图以及用SolidWorks软件构造三维模型等。部分章节编有一定量的复习提高题(题号前冠有"＊"号)并在习题集后附有答案。

本习题集可作为高等工科院校64～100学时机类和近机类各专业机械制图课程的教材,也可用于同类专业继续教育的教材及自学参考。

版权所有,侵权必究。举报:010-62782989,beiqinquan@tup.tsinghua.edu.cn。

图书在版编目(CIP)数据

机械制图习题集:机类、近机类/冯涓,杨惠英,王玉坤主编.—4版.—北京:清华大学出版社,2018(2024.8重印)
ISBN 978-7-302-49234-4

Ⅰ.①机… Ⅱ.①冯… ②杨… ③王… Ⅲ.①机械制图—高等学校—习题集 Ⅳ.①TH126-44

中国版本图书馆 CIP 数据核字(2017)第 331850 号

责任编辑:赵　斌
封面设计:傅瑞学
责任印制:杨　艳

出版发行:清华大学出版社
　　网　　址:https://www.tup.com.cn, https://www.wqxuetang.com
　　地　　址:北京清华大学学研大厦A座　　　　　　　　邮　编:100084
　　社 总 机:010-83470000　　　　　　　　　　　　　　邮　购:010-62786544
　　投稿与读者服务:010-62776969, c-service@tup.tsinghua.edu.cn
　　质量反馈:010-62772015, zhiliang@tup.tsinghua.edu.cn
印 装 者:北京同文印刷有限责任公司
经　　销:全国新华书店
开　　本:260mm×185mm　　　　　印　张:9.75　　　　　字　数:118千字
版　　次:2002年8月第1版　2018年4月第4版　　　　　印　次:2024年8月第17次印刷
定　　价:29.00元

产品编号:074177-02

前　　言

本习题集与冯涓、杨惠英、王玉坤主编的《机械制图(机类、近机类)(第4版)》教材配套使用,其编排顺序与教材相同,在使用过程中教师可视具体情况作适当调整。

本习题集有以下特点:

1. 习题的编排力求符合学生的认识规律,由浅入深,前后衔接,逐步提高。

2. 习题的数量和难度方面有较大的选择余地,既可满足不同学时不同学生的教学需要,又便于发挥学生的潜能和因材施教。

3. 考虑到学生复习、巩固、提高、自测的需要,大部分章节编有一定量的复习提高题(题号前冠有"*"),并在习题集后附有该部分习题的参考答案。

4. 题目形式多样,有部分选择题、改错题、综合练习题等,利于激发学生的学习兴趣,更好地培养综合运用所学知识的能力和创造性思维能力。

为了全面提高学生的绘图技能,除第16章中提供的徒手绘图习题外,建议从第4~9章中选择部分其他习题进行徒手绘制,或以尺规画底稿、徒手加深。同时还可选择其他习题作为计算机绘图的练习题,例如AutoCAD绘制零件图、SolidWorks构造三维模型等。

本习题集第1~10章由杨惠英编写,第11~15章由王玉坤编写,第16~18章由冯涓、杨惠英编写。全书由冯涓负责统稿。

与本习题集配套,清华大学出版社同时出版习题的三维模型图和参考答案(PPT文件),供使用本教材的教师和自学者选用。

在编写过程中,参阅了许多兄弟院校的同类习题集,在此表示衷心感谢(恕不再一一列出)。

由于编者水平有限,书中不足及错误在所难免,敬请读者批评指正。

编　者
2018年2月于北京清华园

目 录

1. 制图的基本知识 …………………………………………………………………………………………… 1
2. 点、直线、平面的投影 ……………………………………………………………………………………… 3
3. 投影变换 …………………………………………………………………………………………………… 15
4. 基本体的投影 ……………………………………………………………………………………………… 19
5. 平面与立体相交 …………………………………………………………………………………………… 25
6. 立体与立体相交 …………………………………………………………………………………………… 37
7. 组合体 ……………………………………………………………………………………………………… 47
8. 机件图样的画法 …………………………………………………………………………………………… 65
9. 轴测图 ……………………………………………………………………………………………………… 93
10. 尺寸标注基础 ……………………………………………………………………………………………… 97
11. 螺纹及螺纹紧固件 ………………………………………………………………………………………… 105
12. 机械常用件及标准件的画法 ……………………………………………………………………………… 109
13. 零件图 ……………………………………………………………………………………………………… 111
14. 零件的技术要求 …………………………………………………………………………………………… 118
15. 装配图 ……………………………………………………………………………………………………… 120
16. 尺规作图与徒手绘图 ……………………………………………………………………………………… 136
17. AutoCAD 绘制平面图 …………………………………………………………………………………… 138
18. SolidWorks 构造三维模型 ……………………………………………………………………………… 142

带"*"习题的参考答案 ………………………………………………………………………………………… 144

1　制图的基本知识

1-1 练习书写下列汉字（仿宋体）。

机械制图姓名审核材料数量比例零件名称螺栓钉母垫圈
键销齿轮轴承弹簧阀填料密封标准套筒盖技术要求箱体

1-2 练习书写下列B型斜体大写字母与数字。

ABCDEFGHIJKLMNOPQRSTUVWXYZ Φ 0123456789

1-3 练习书写下列B型斜体小写字母。

abcdefghijklmnopqrstuvwxyz φ

| 班级 | | 姓名 | | 学号 | | 审阅 | |

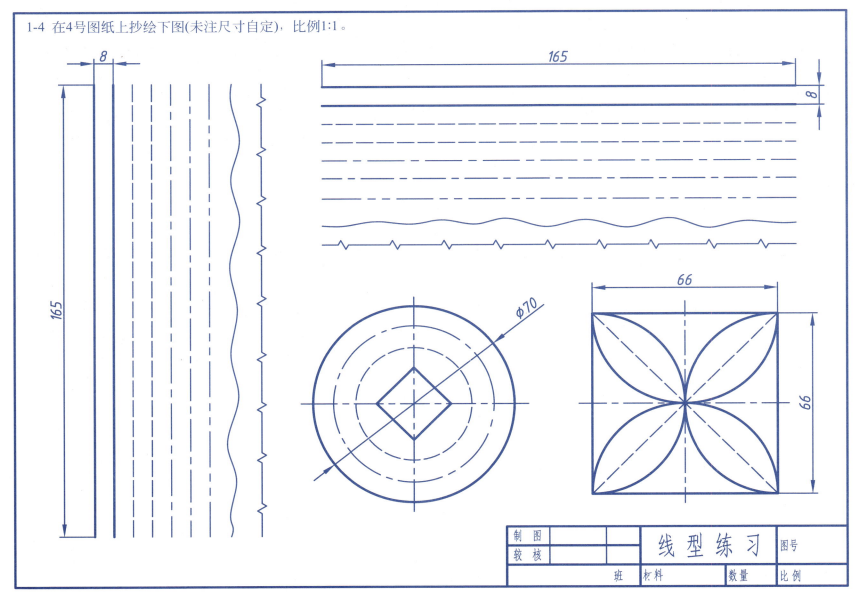

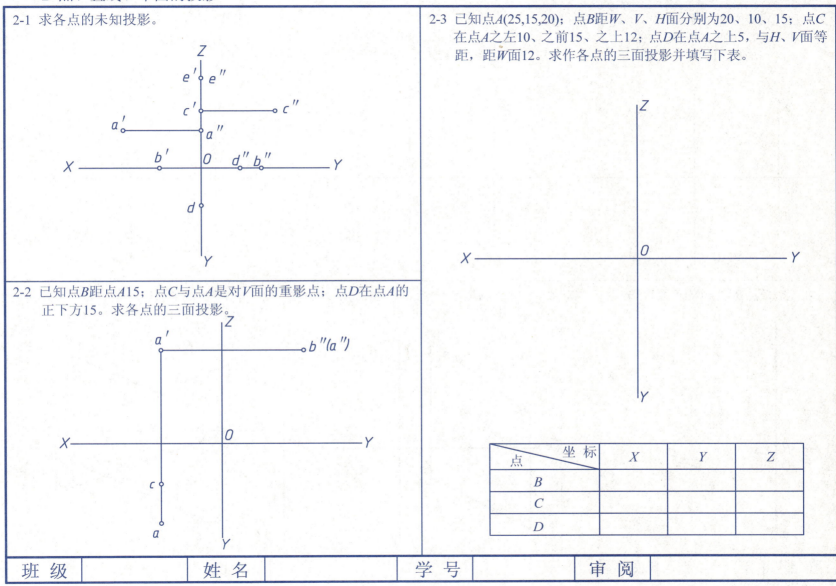

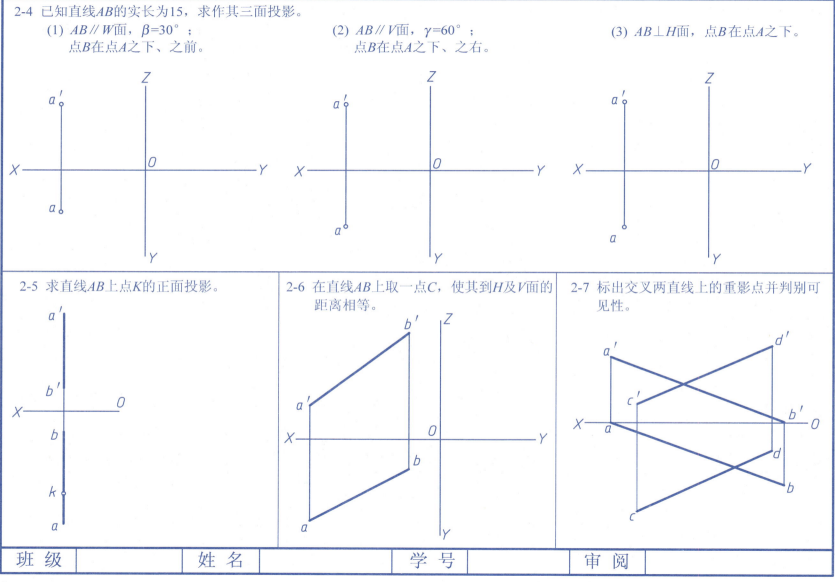

2-8 判断两直线的相对位置（平行、相交、交叉、垂直相交、垂直交叉），并将答案填写在下面的括号内。

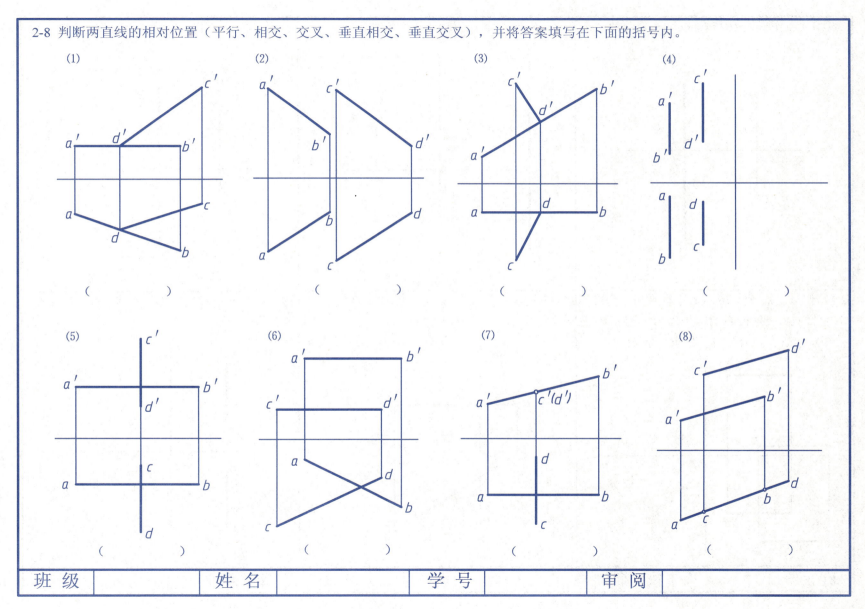

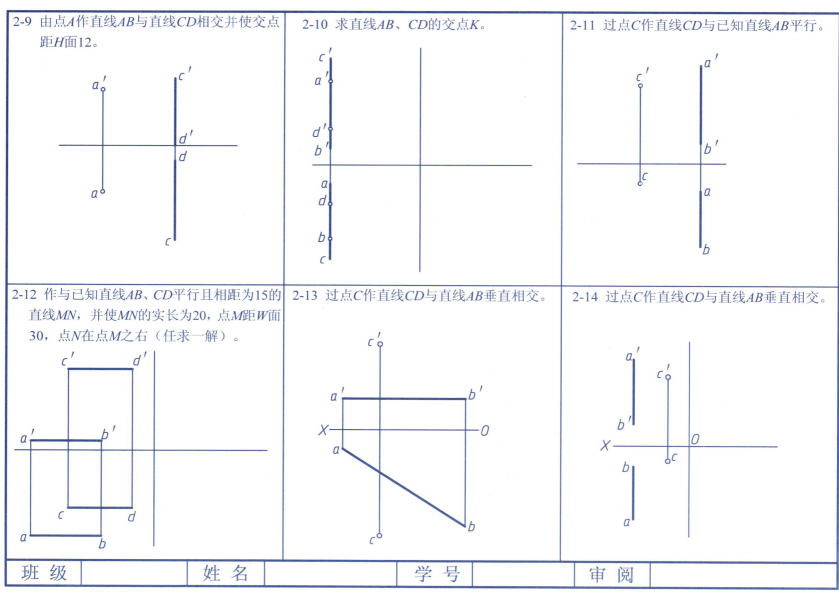

2-15 作正平线EF距V面15并与直线AB、CD相交（点E、F分别在直线AB、CD上）。

2-16 作直线EF平行于OX轴并与直线AB、CD相交（点E、F分别在直线AB、CD上）。

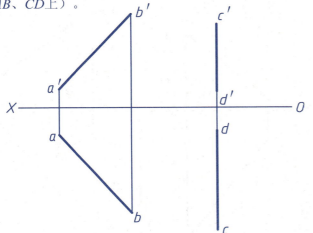

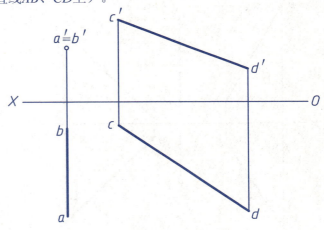

2-17 过点C作一直线与直线AB和OX轴都相交。

2-18 作一直线MN，使其与已知直线CD、EF相交，同时与已知直线AB平行（点M、N分别在直线CD、EF上）。

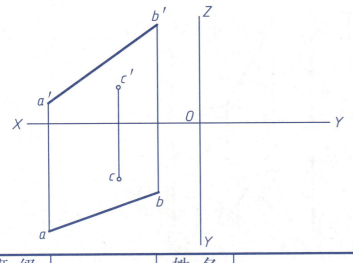

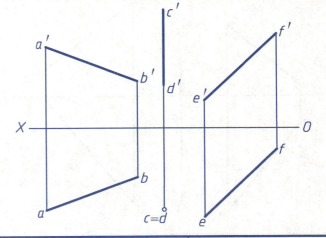

| 班 级 | | 姓 名 | | 学 号 | | 审 阅 | |

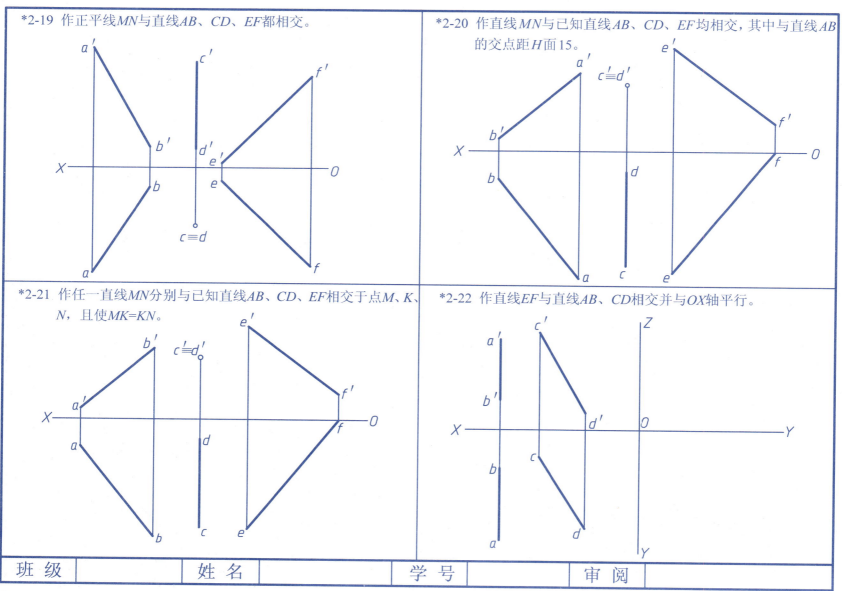

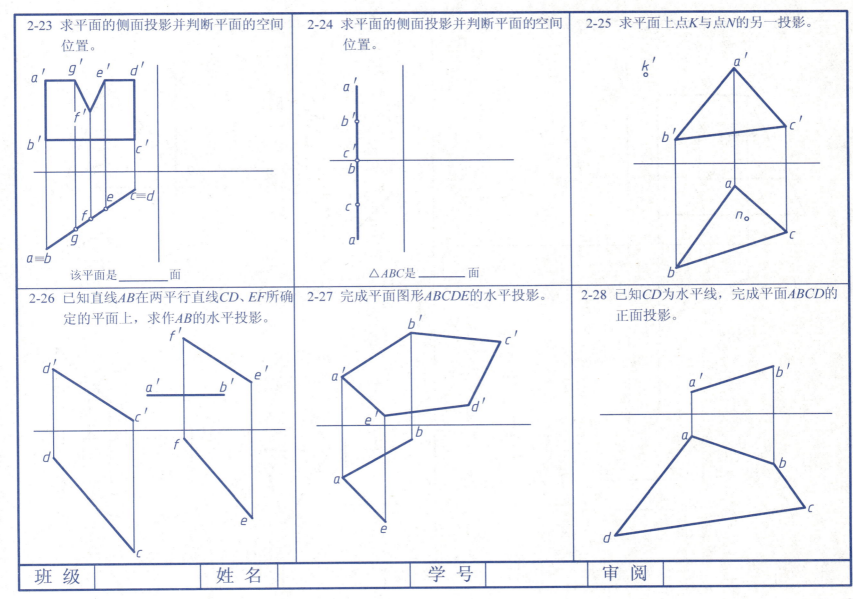

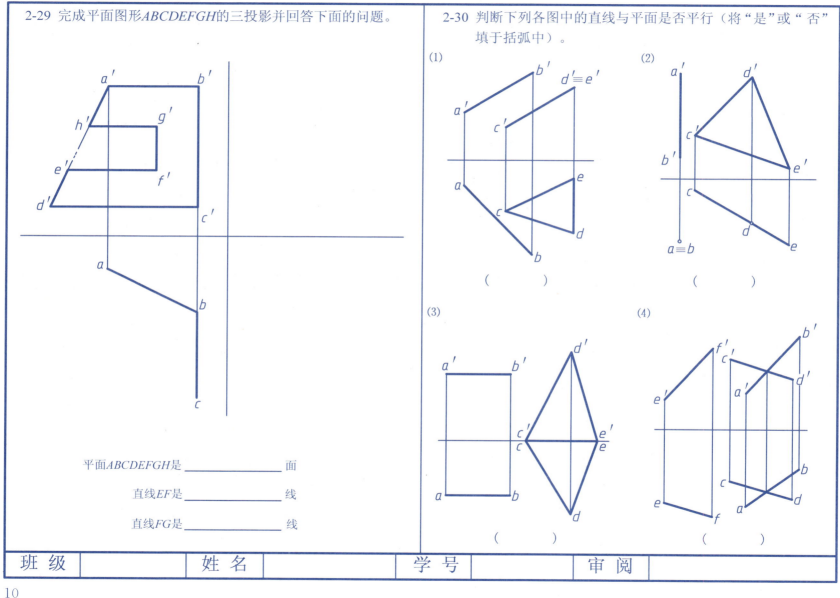

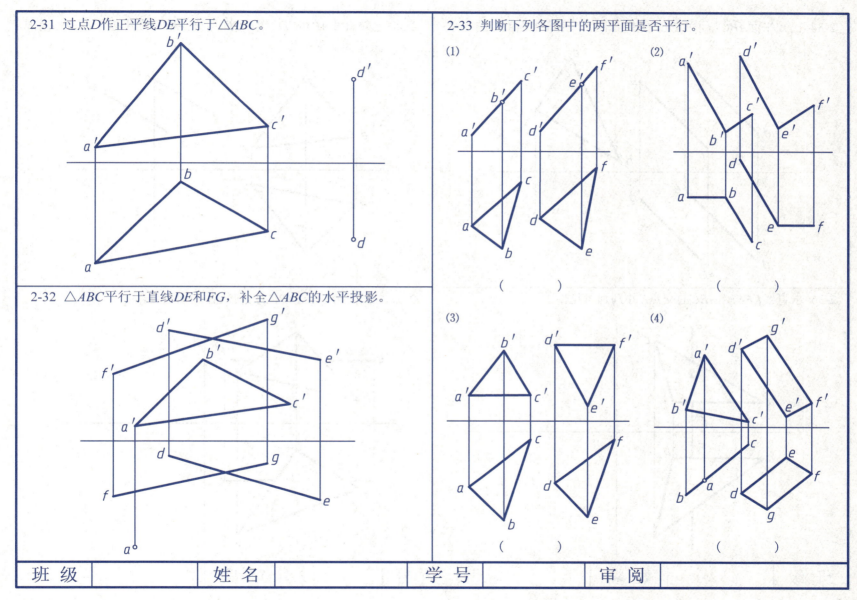

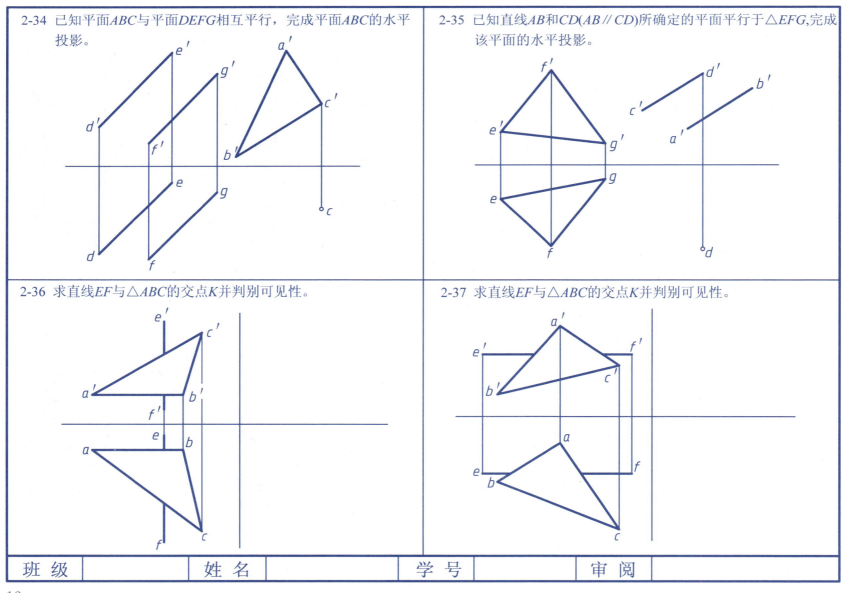

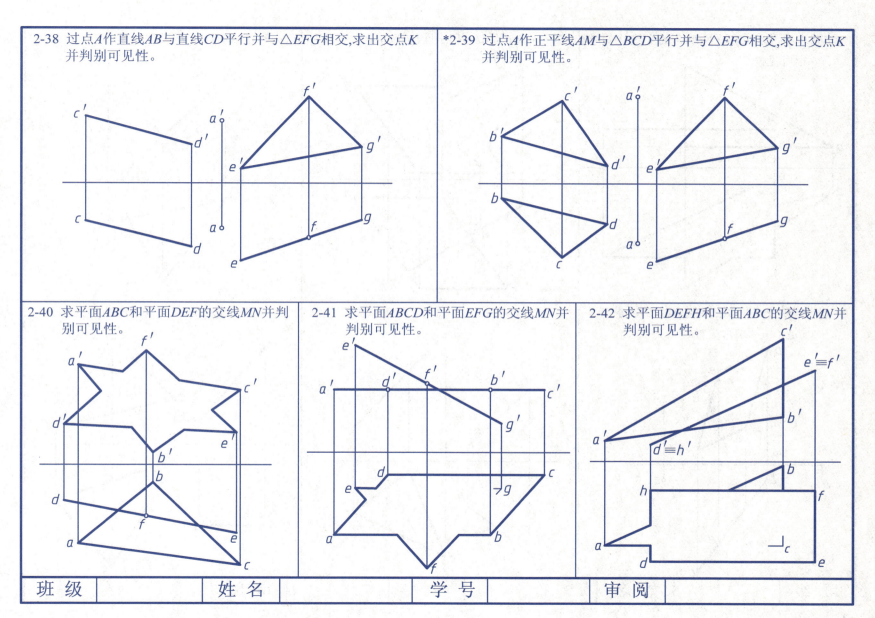

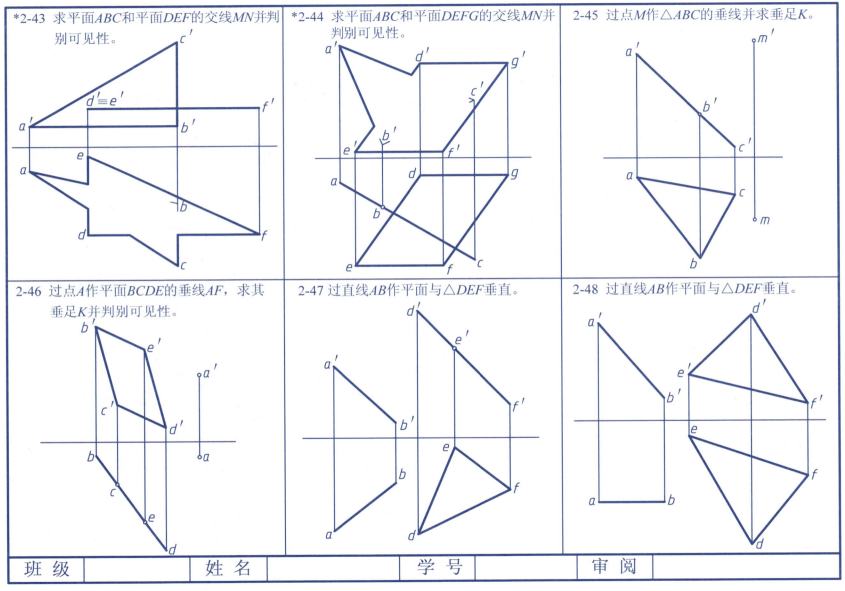

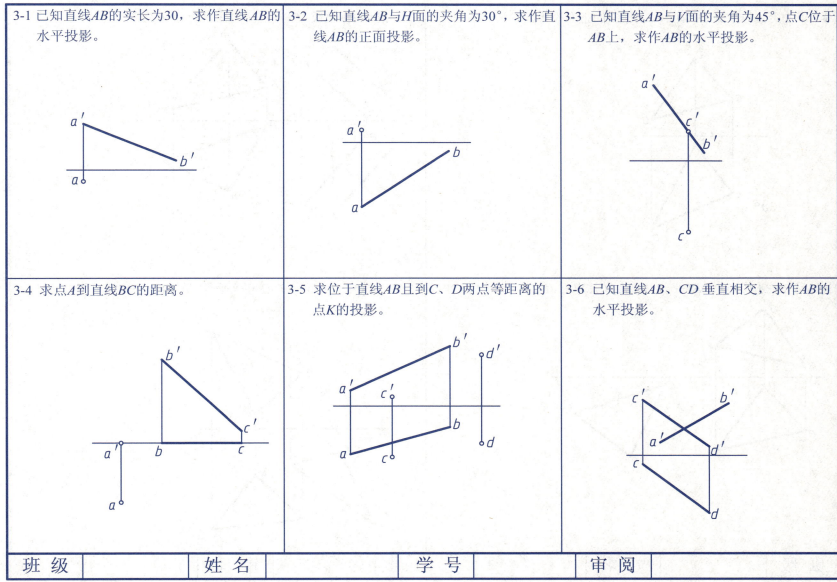

3-7 已知点A与△BCD相距10,求点A的正面投影。

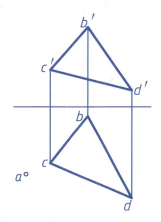

3-8 过点A作直线AB与两已知平面MNK和CDEF平行。

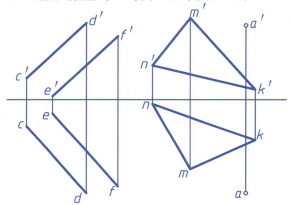

3-9 已知△ABC与△DEF平行且相距10,求△ABC的正面投影。

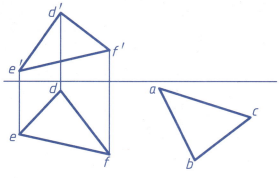

3-10 已知△ABC和△DEF相互平行,补全△ABC的正面投影。

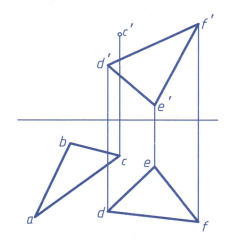

3-11 过点A作直线BC的垂线,并求点A到直线BC的距离。

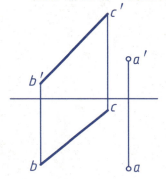

3-12 过点K作直线与AB、CD相交。

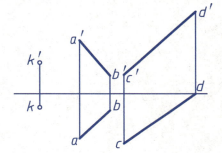

3-13 已知两交叉直线AB、CD之间的最短距离为8,补全AB的正面投影。

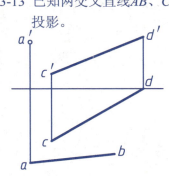

3-14 作直线MN与直线AB、CD相交并与直线EF平行。

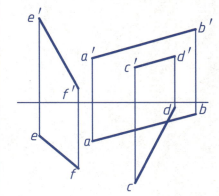

3-15 求平行四边形ABCD的实形。

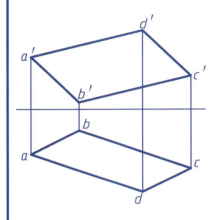

3-16 求作∠ABC的角平分线。

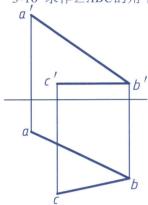

3-17 求两相交直线AB、CD之间夹角的实际大小。

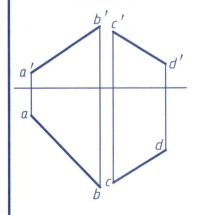

3-18 过点A作直线AD与直线BC相交于D，并使∠ADC=60°。

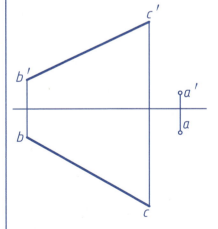

| 班　级 | | 姓　名 | | 学　号 | | 审　阅 | |

4 基本体的投影

4-1 求作体的第三视图并补全体表面上点的其余两投影。

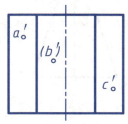

4-2 求作体的第三视图，标出棱线AB的投影，并求体表面上点C的未知投影。

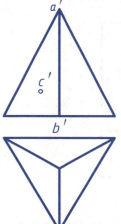

4-3 求作体的第三视图，标出棱线AB的投影，并求体表面上点C的未知投影。

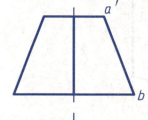

4-4 求作体的第三视图，标出轮廓线AB的投影，并求体表面上点C、D的未知投影。

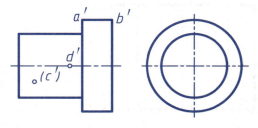

4-5 求作体的第三视图，标出轮廓线AB的投影，并求体表面上点C的未知投影。

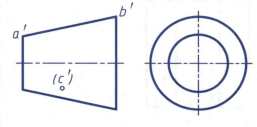

4-6 求作体的第三视图并补全体表面上点A、B、C的其余两投影。

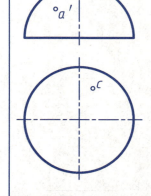

| 班级 | | 姓名 | | 学号 | | 审阅 | |

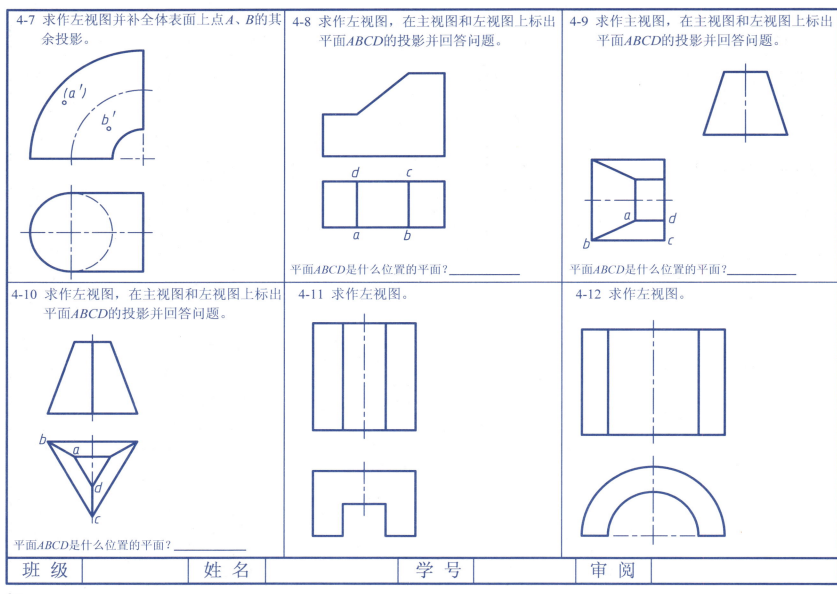

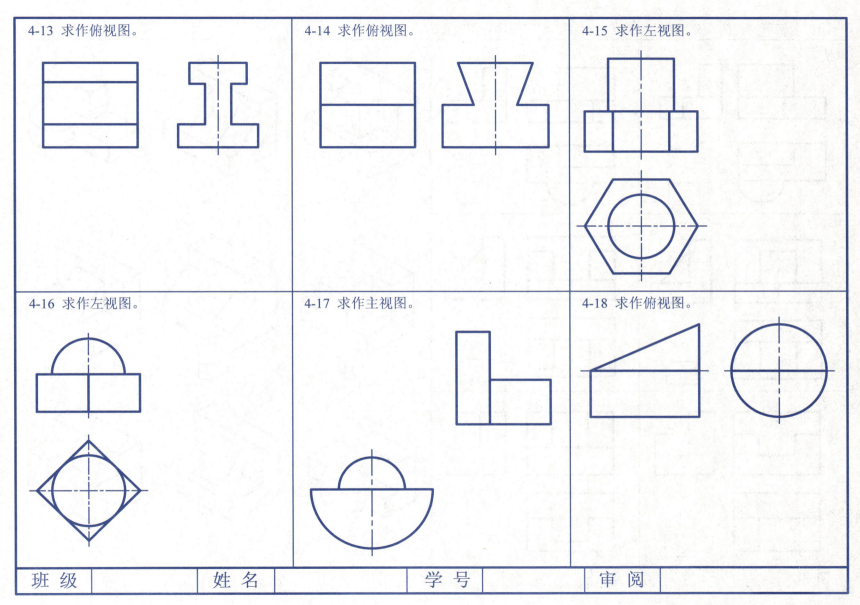

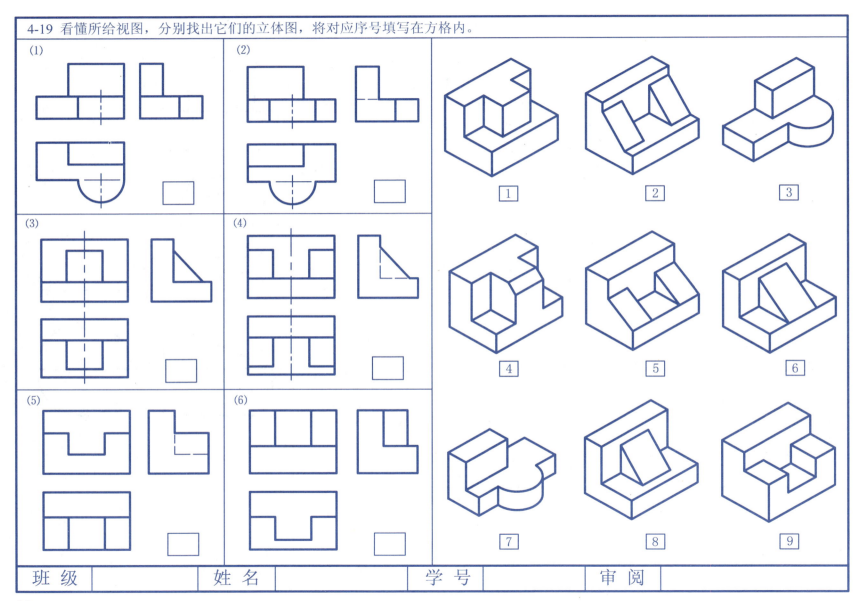

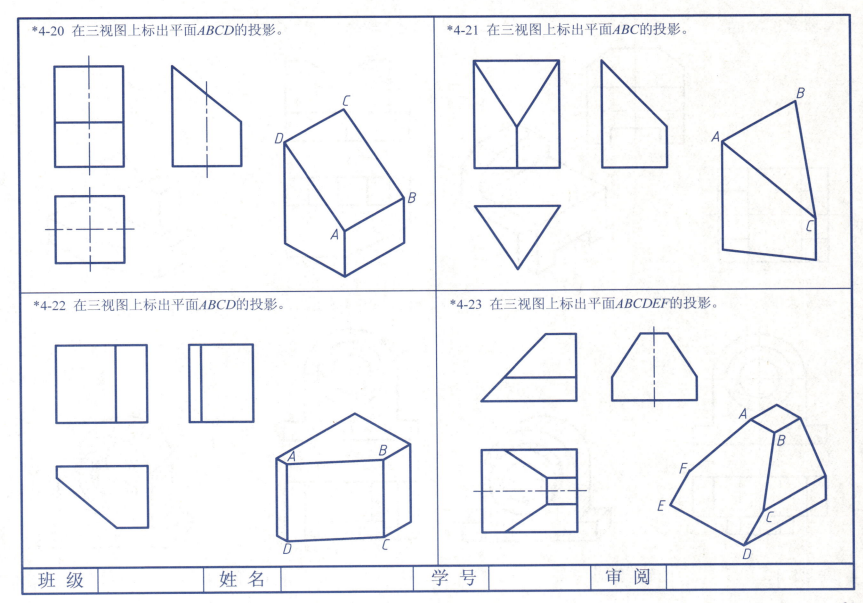

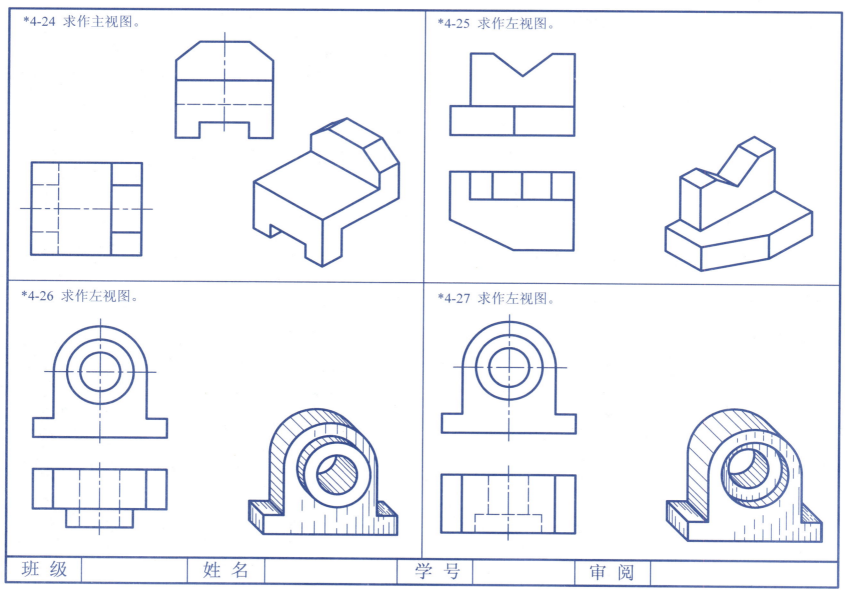

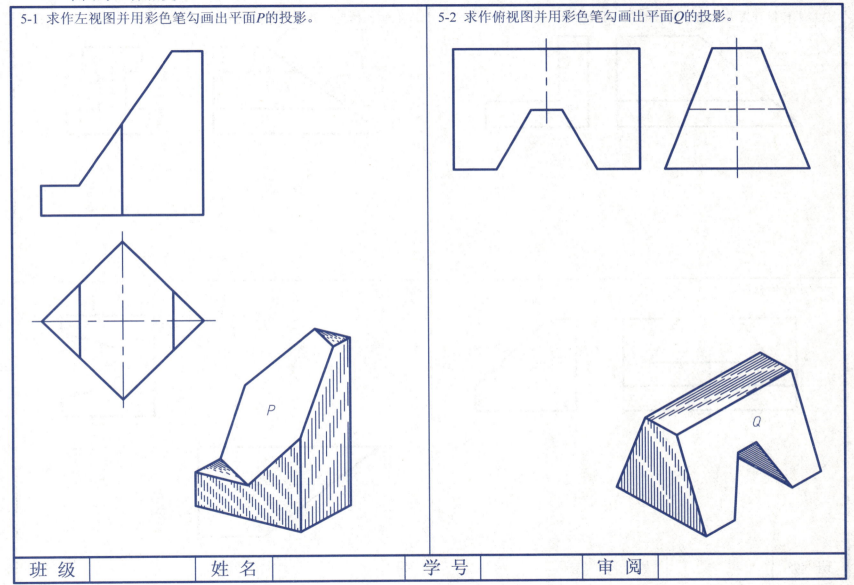

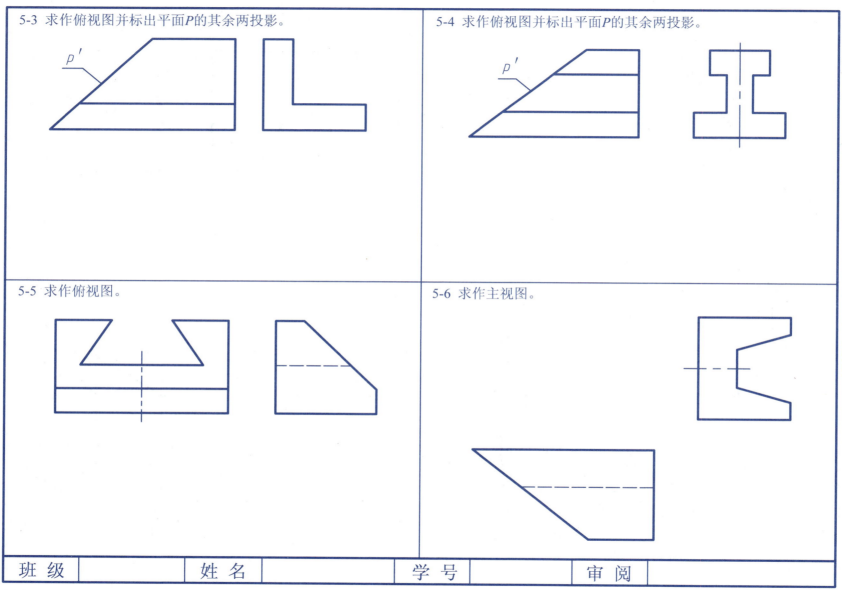

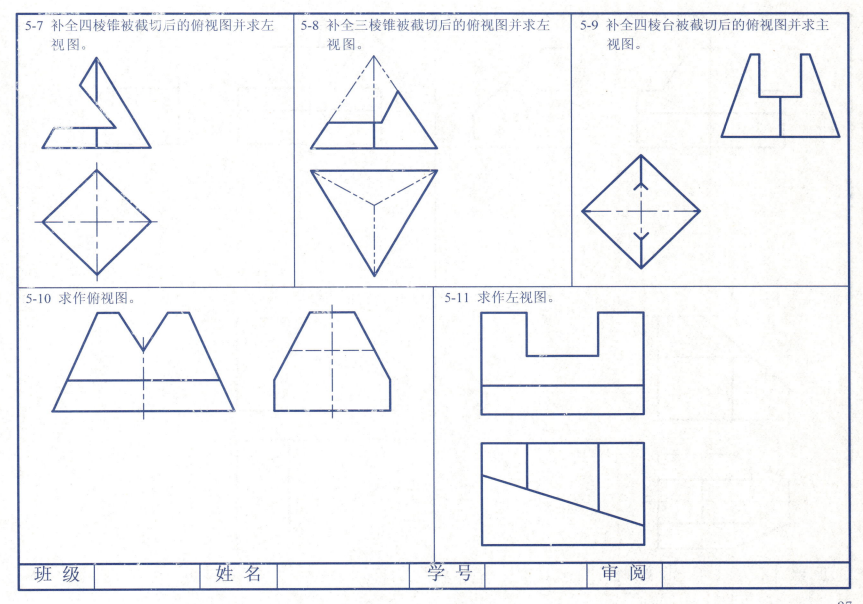

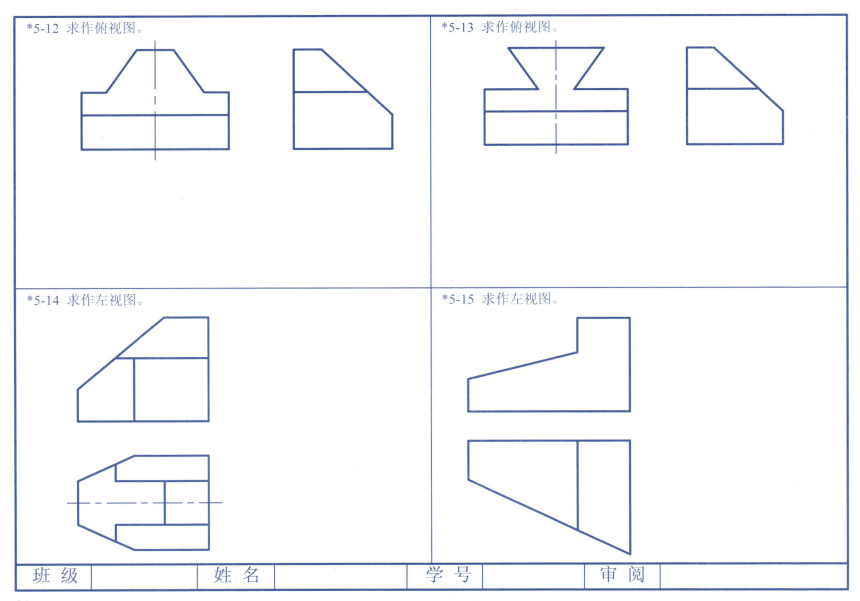

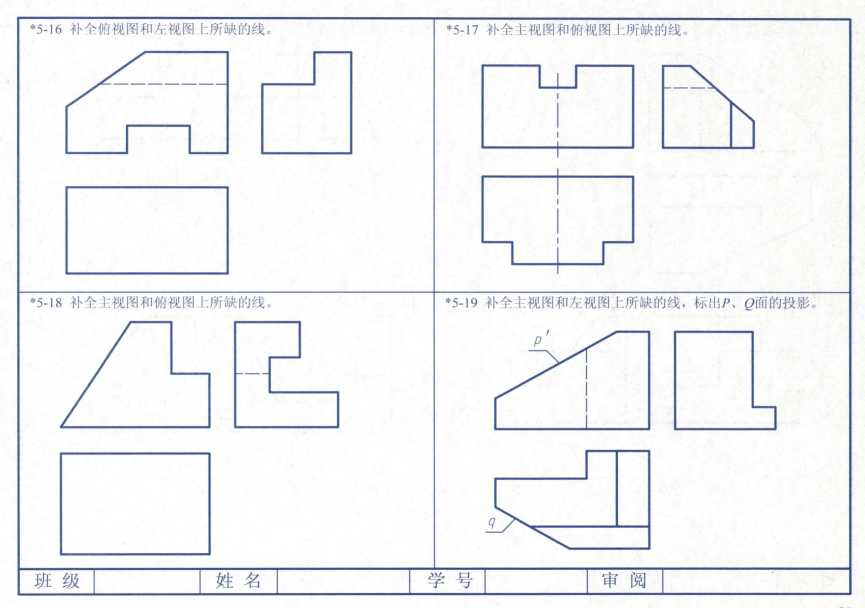

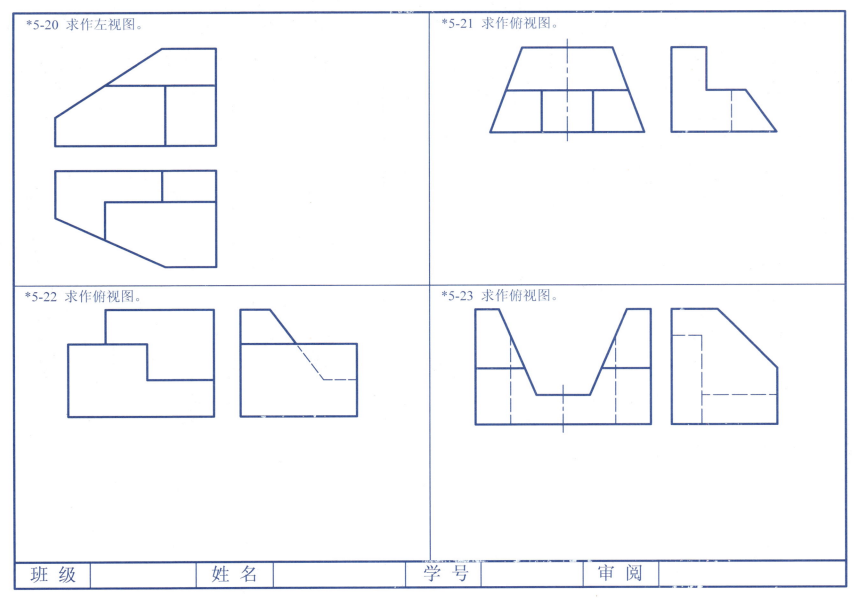

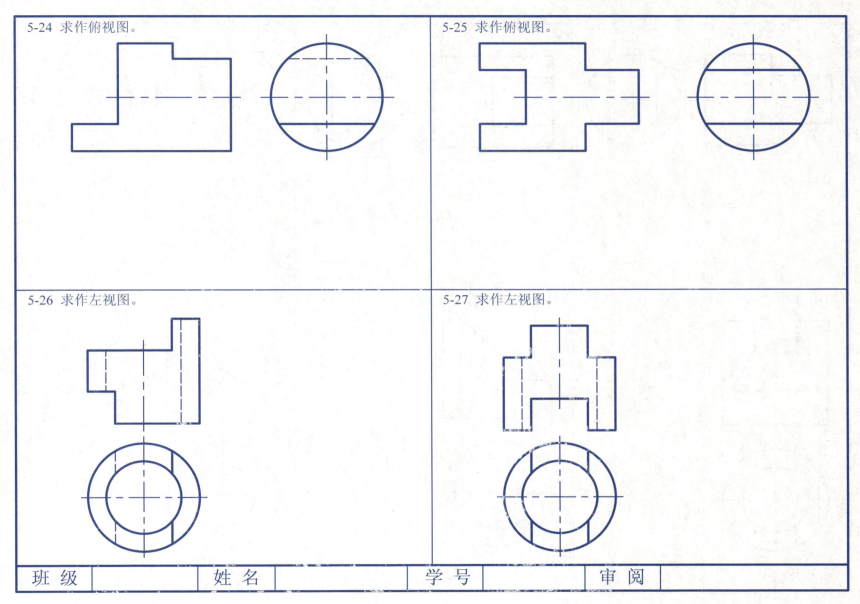

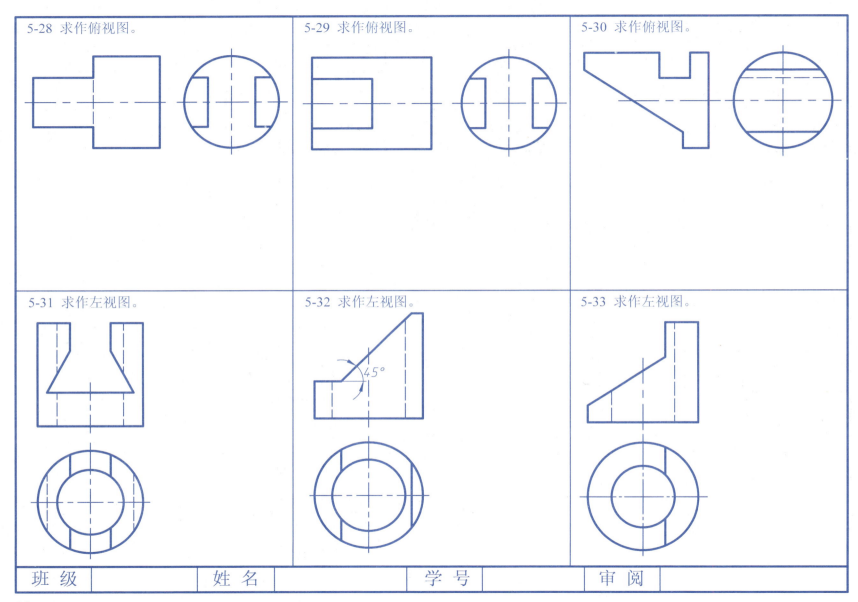

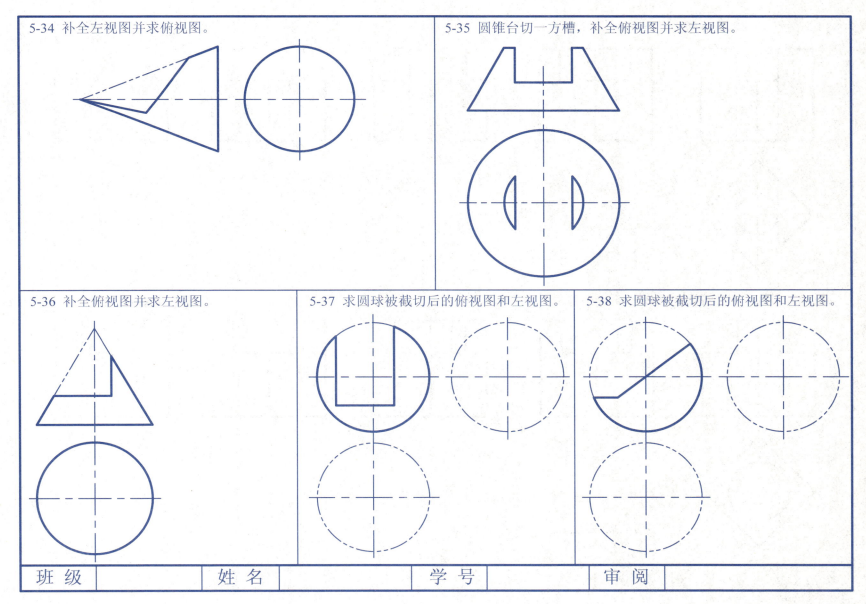

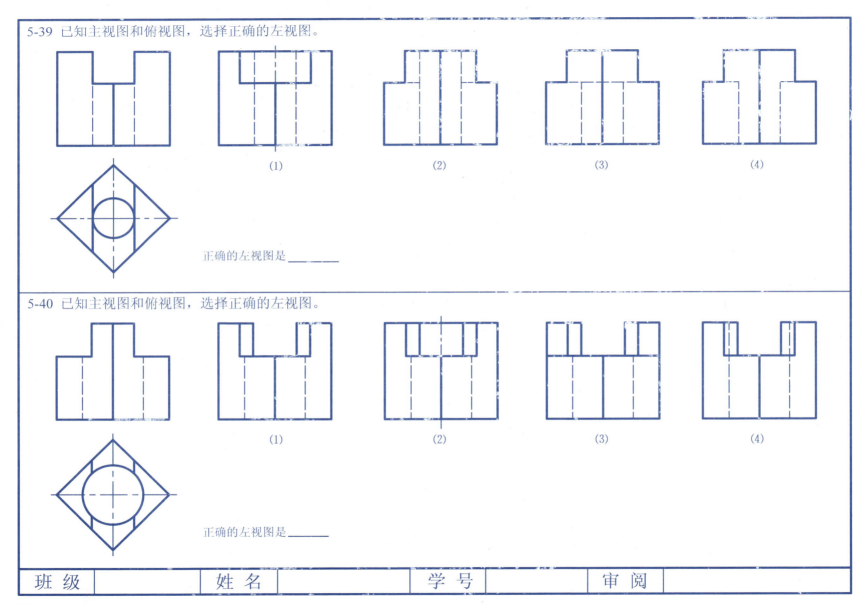

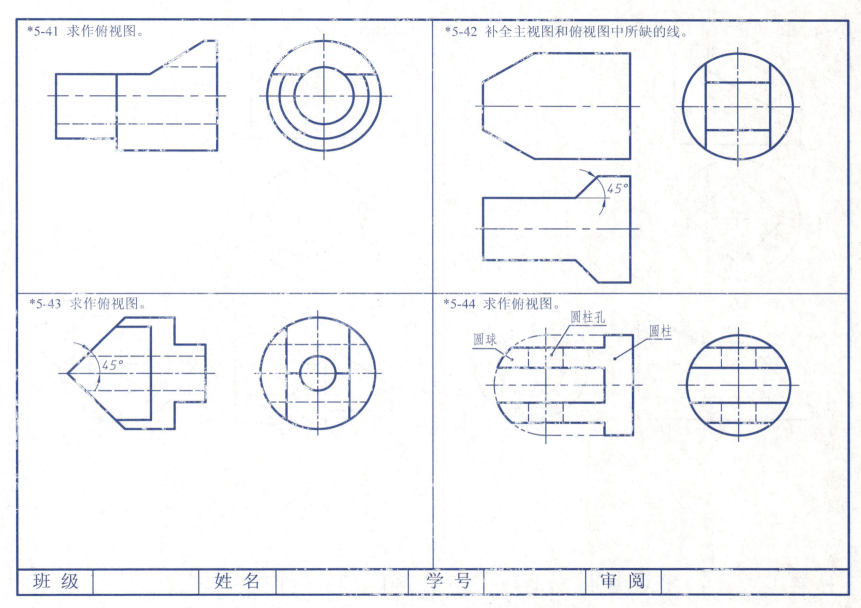

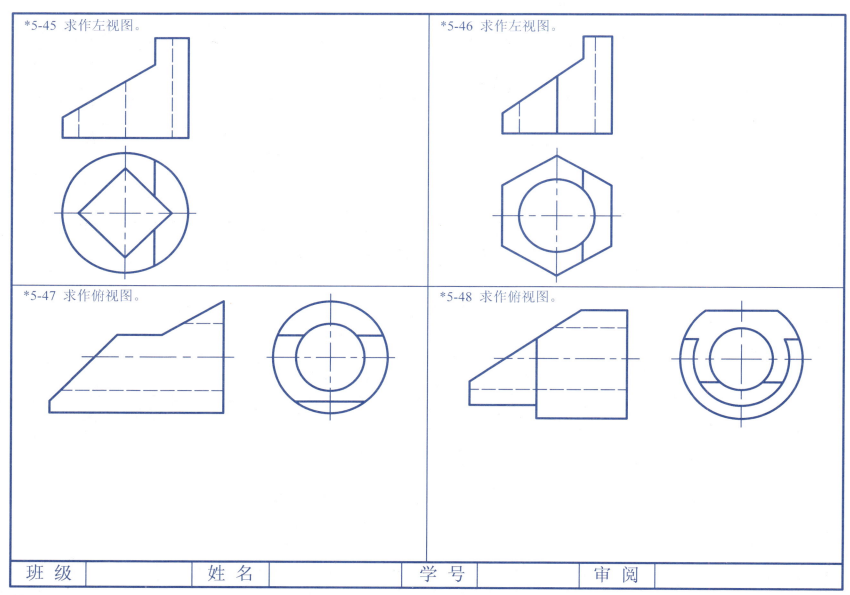

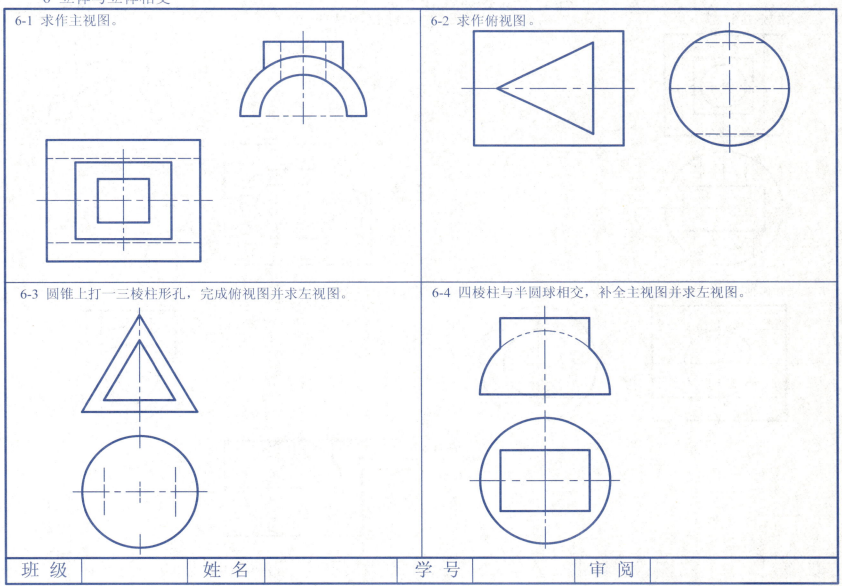

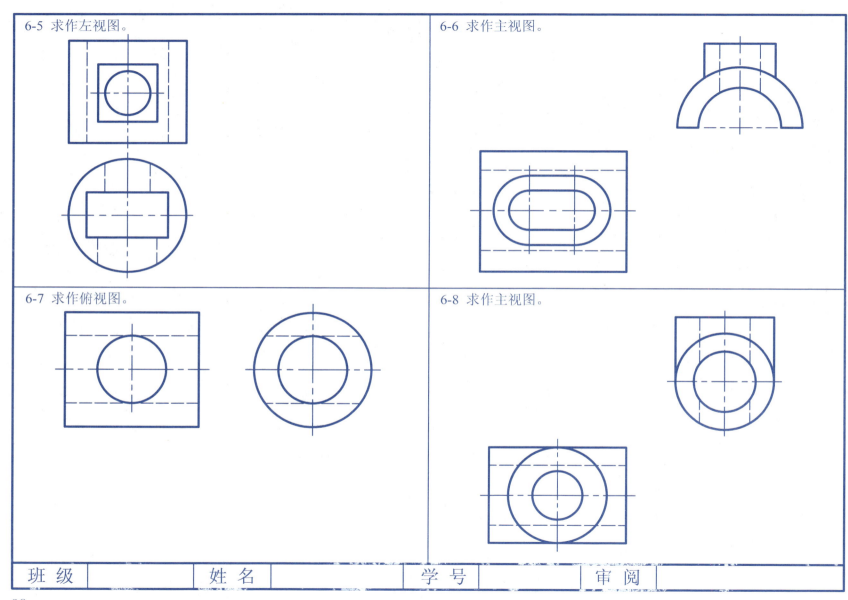

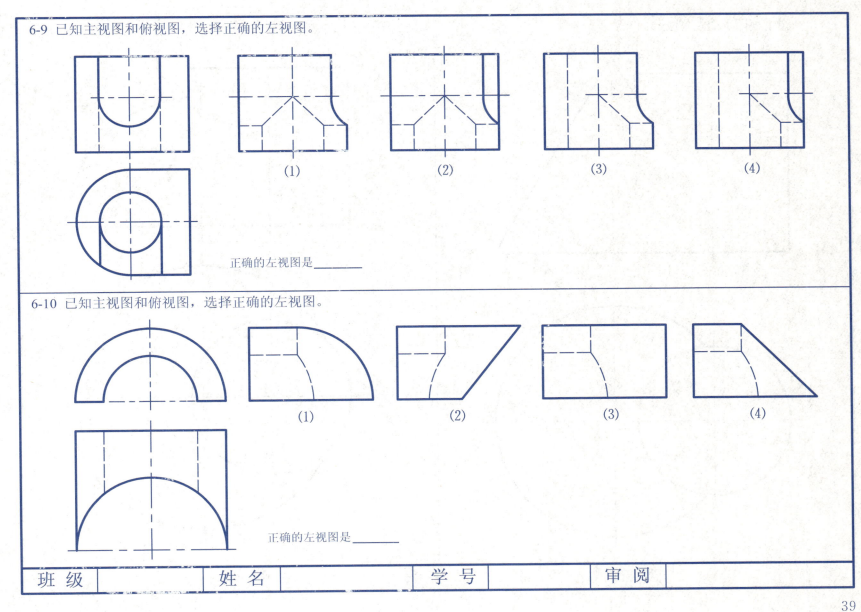

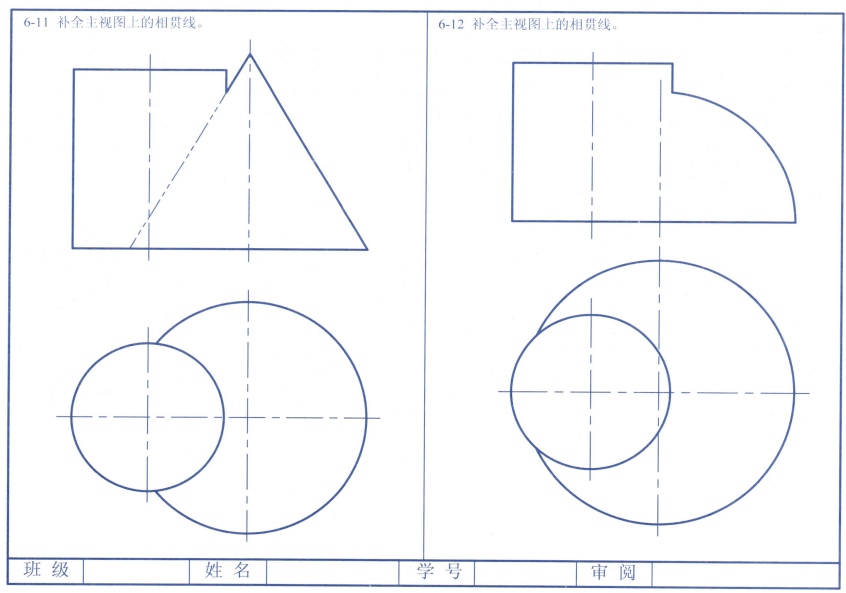

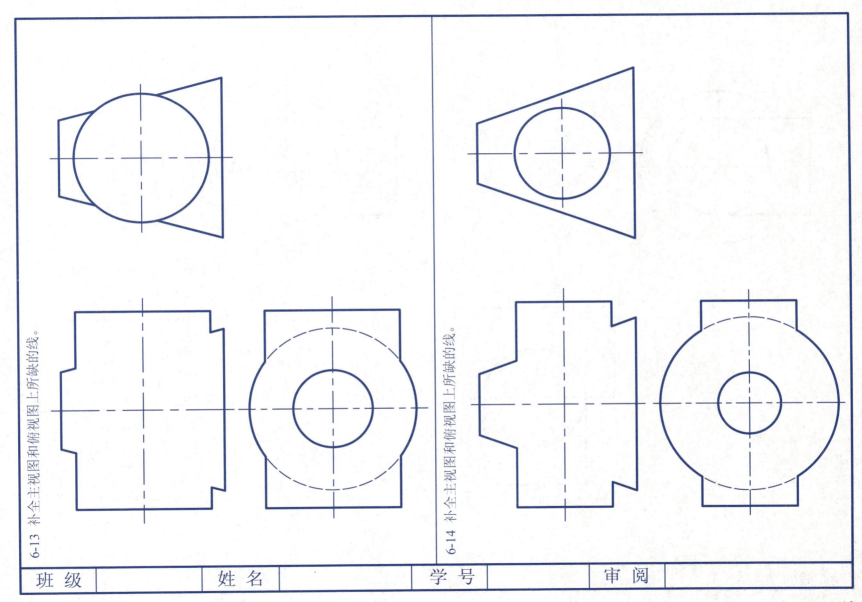

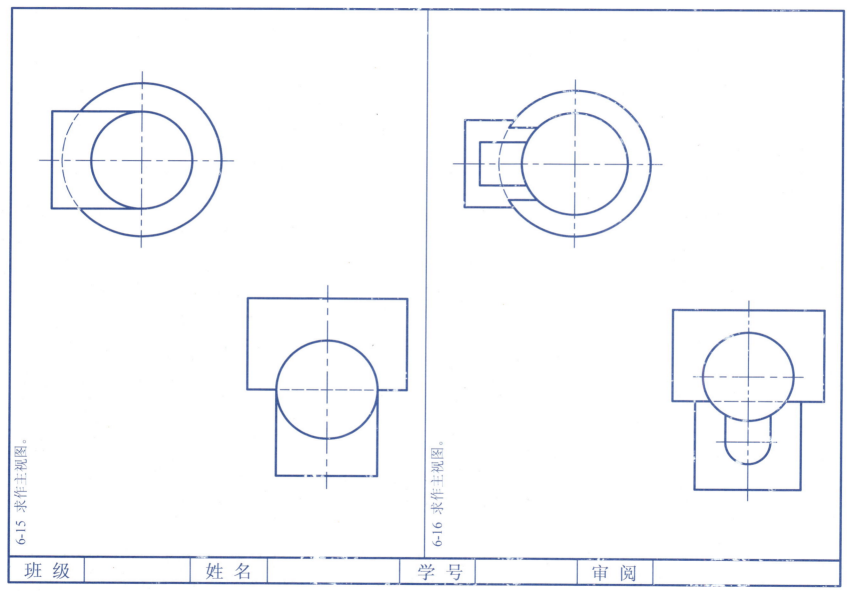

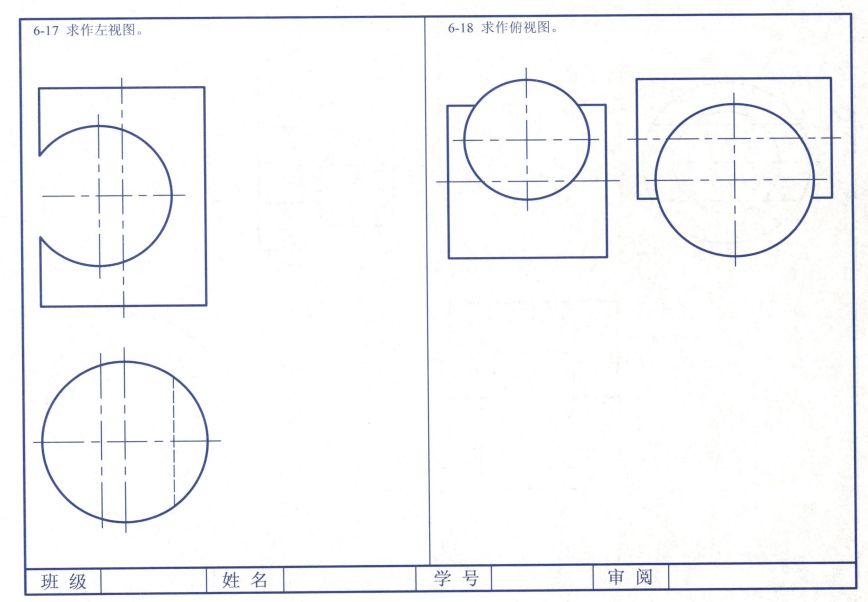

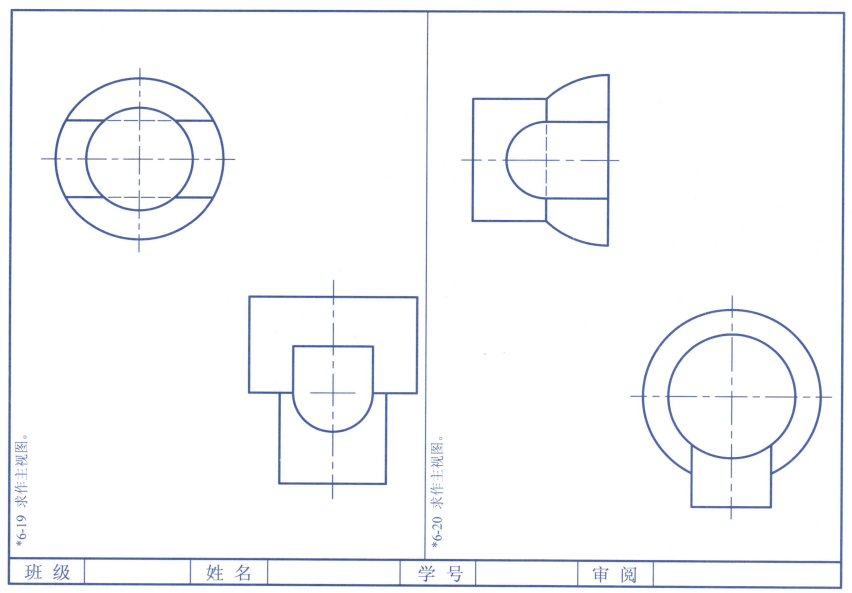

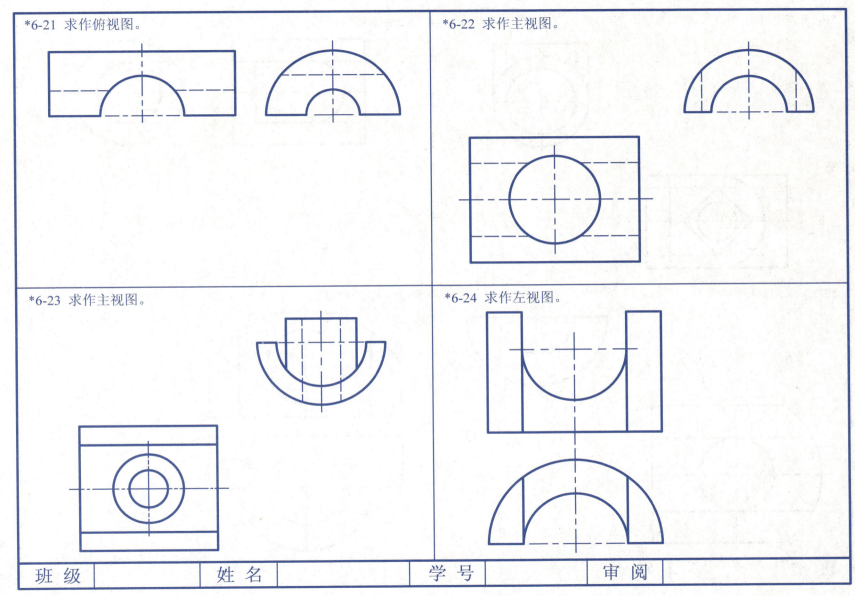

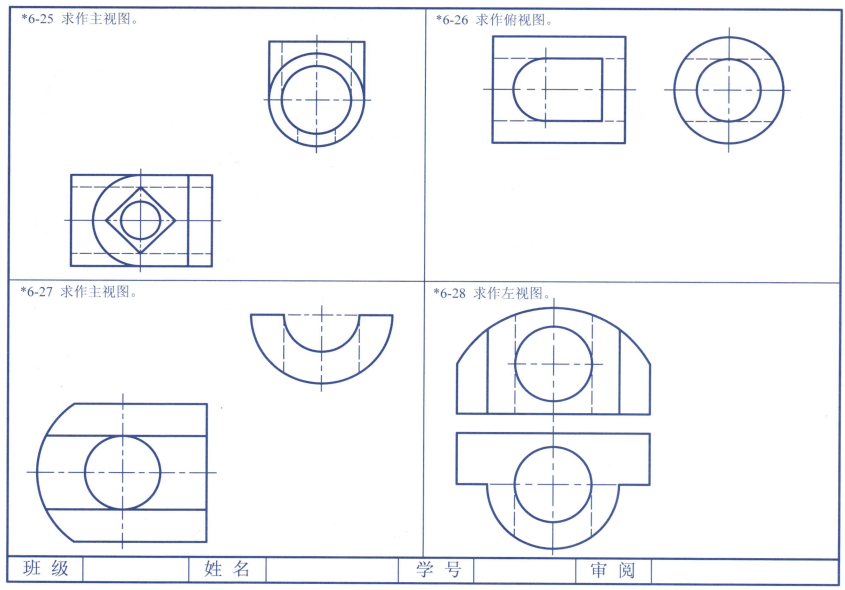

7 组合体

7-1 参照立体图画出三视图（未定尺寸从立体图上量取）。

7-2 参照立体图画出三视图（未定尺寸从立体图上量取）。

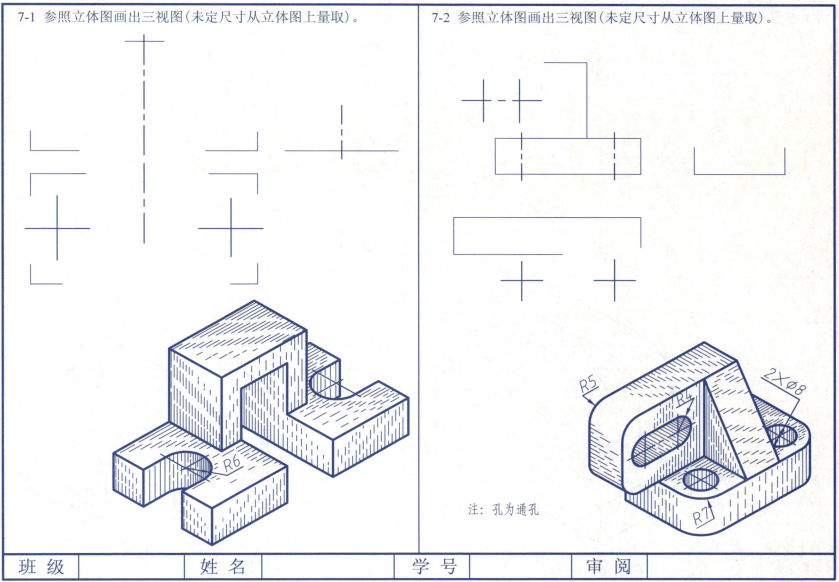

注：孔为通孔

| 班 级 | | 姓 名 | | 学 号 | | 审 阅 | |

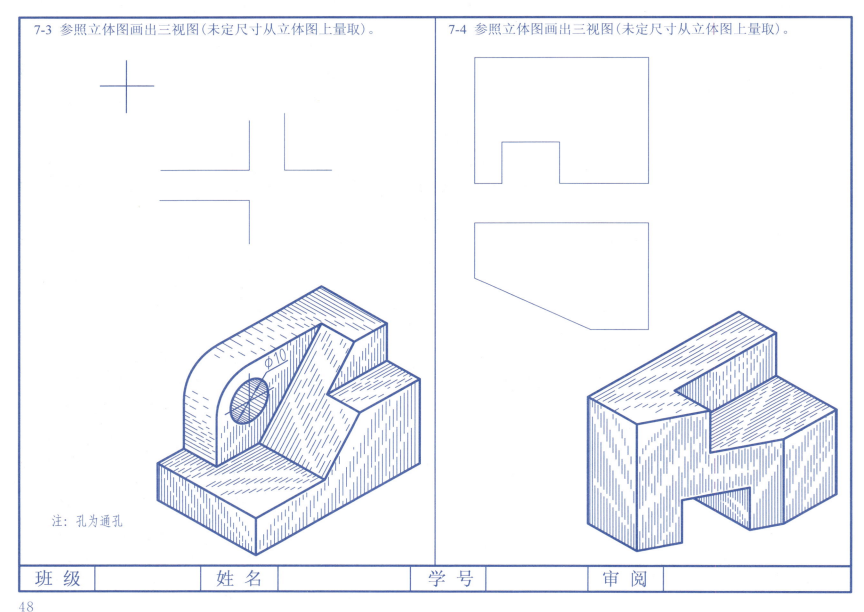

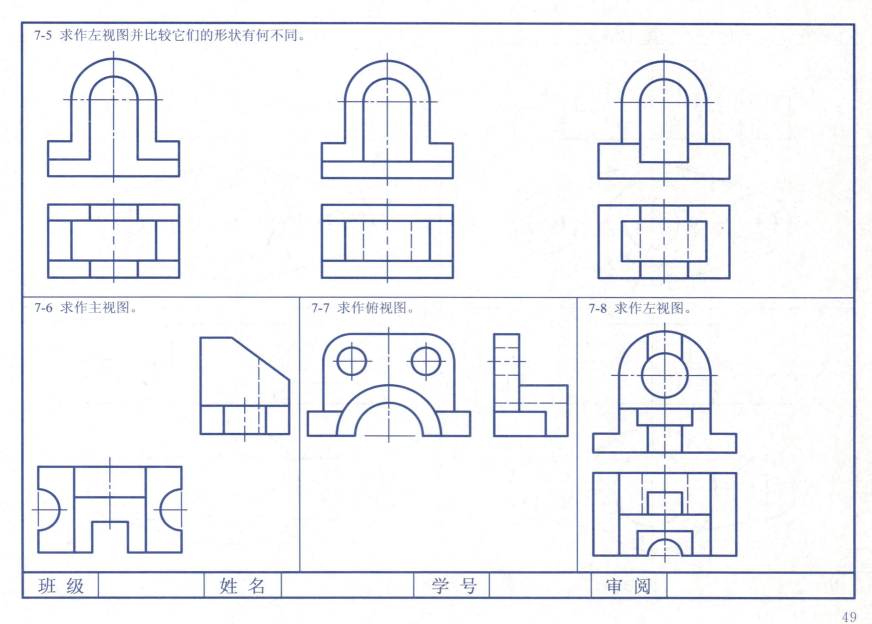

7-9 分析形状的变化，补全主视图上所缺的线。

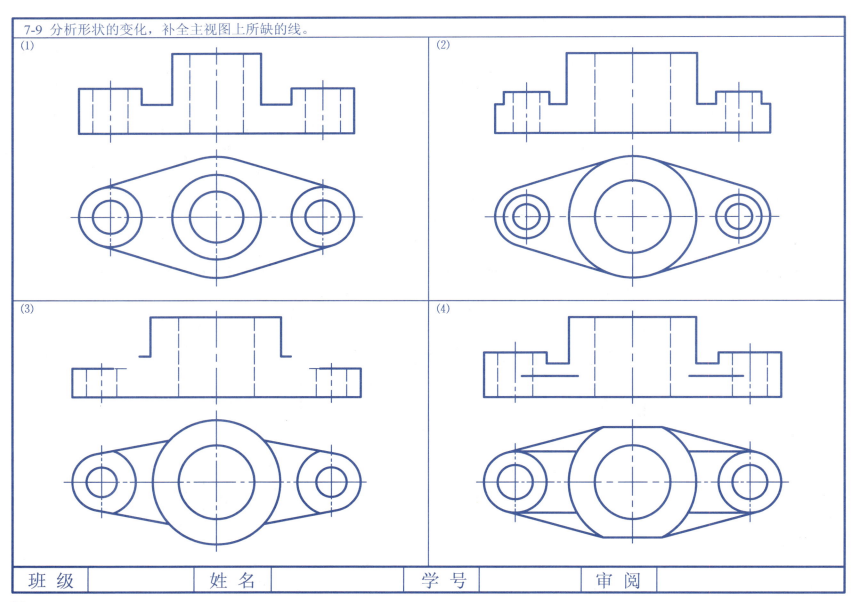

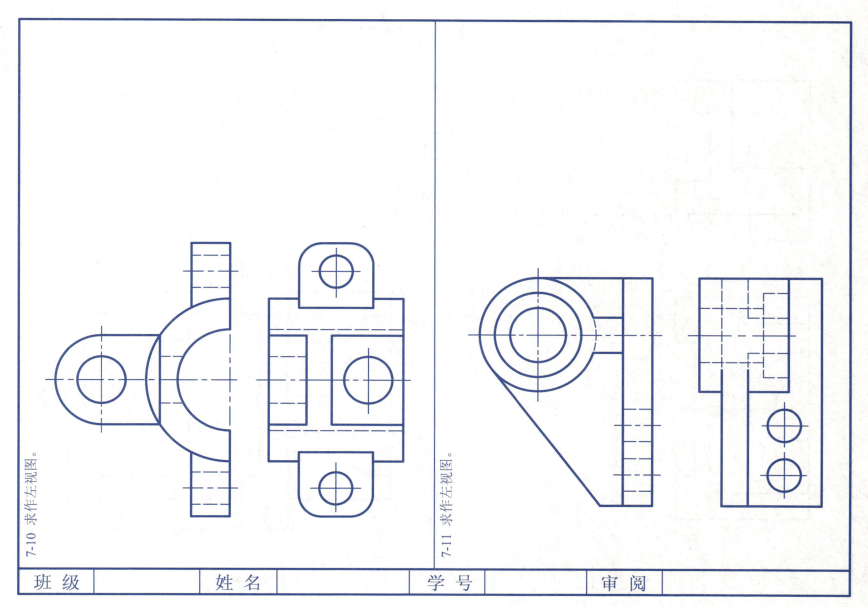

7-10 求作左视图。

7-11 求作左视图。

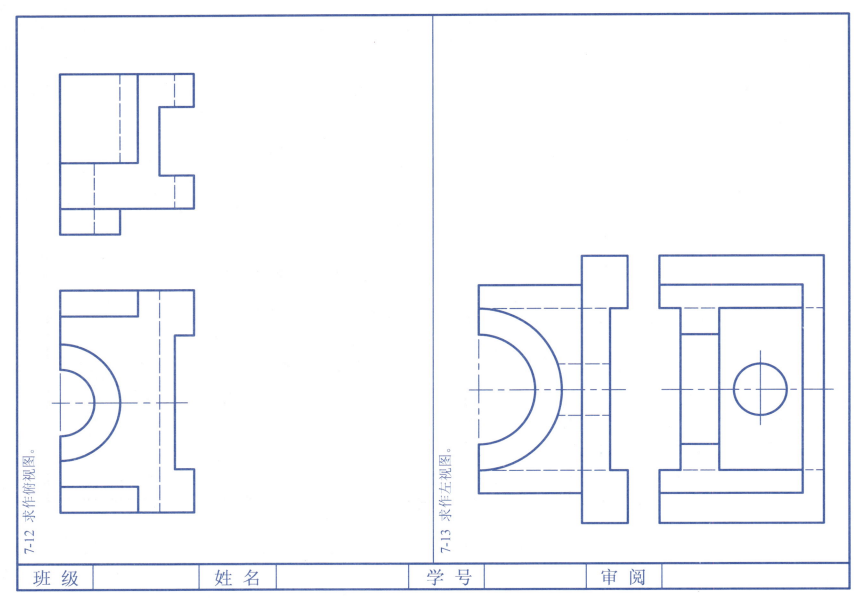

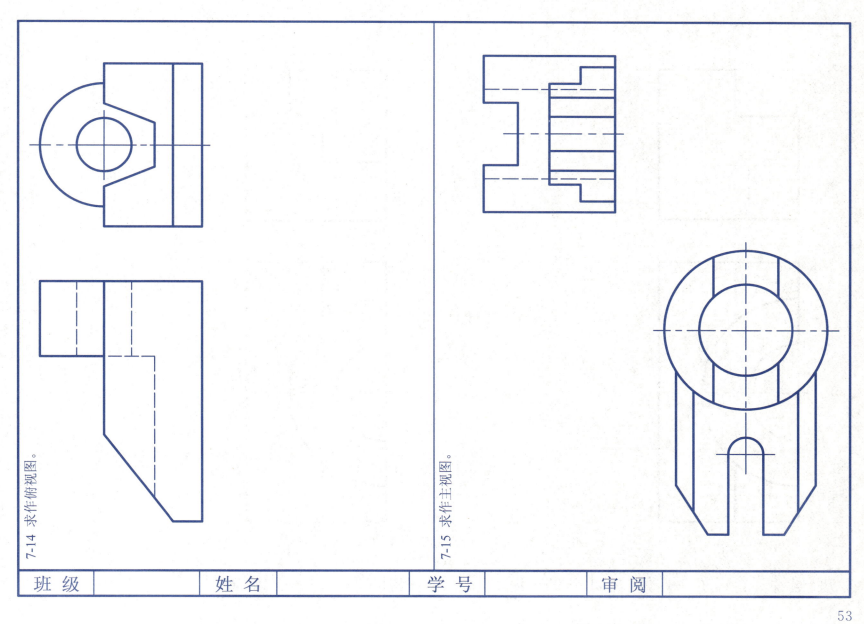

7-14 求作俯视图。

7-15 求作主视图。

| 班 级 | | 姓 名 | | 学 号 | | 审 阅 | |

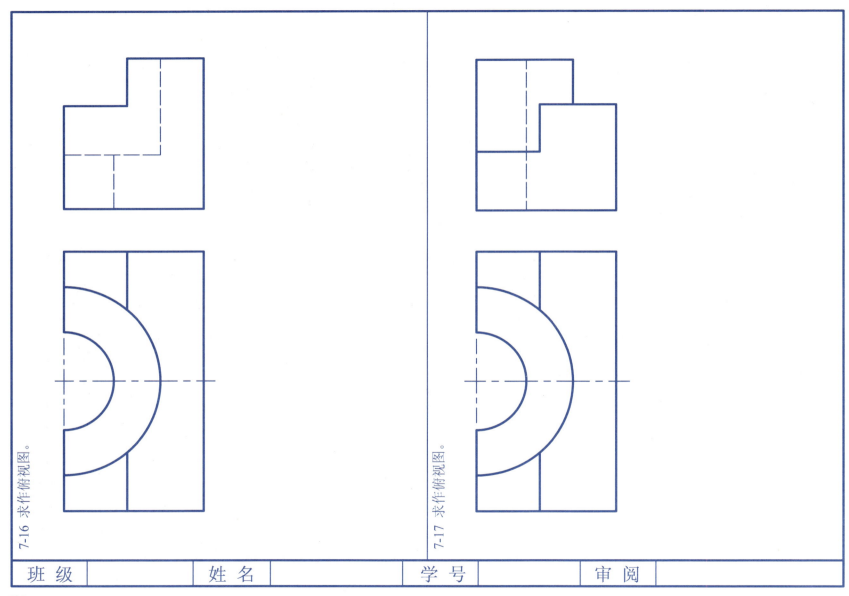

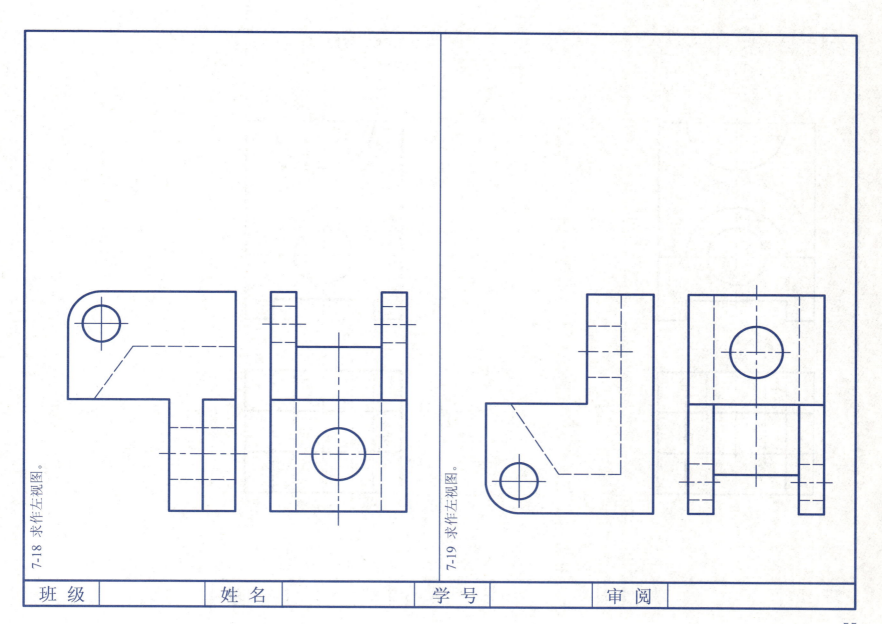

7-18 求作左视图。

7-19 求作左视图。

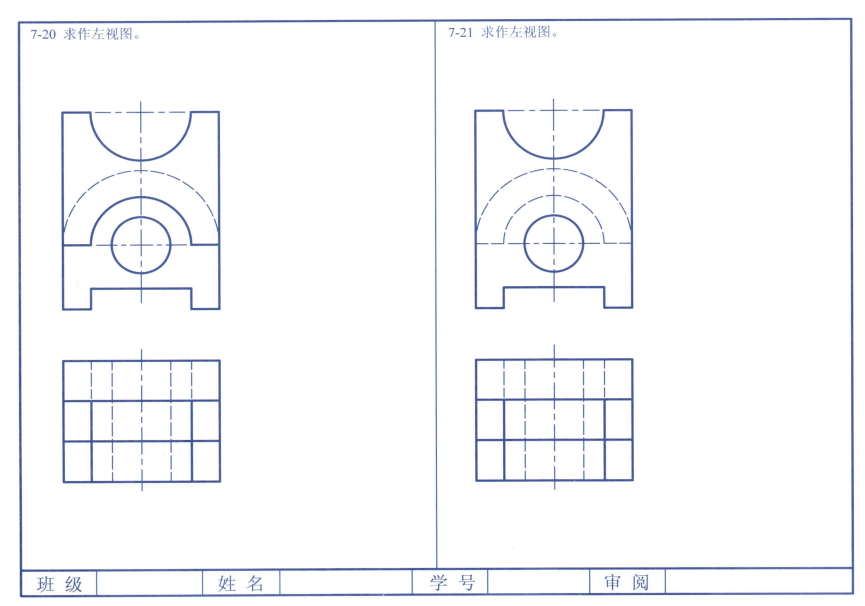

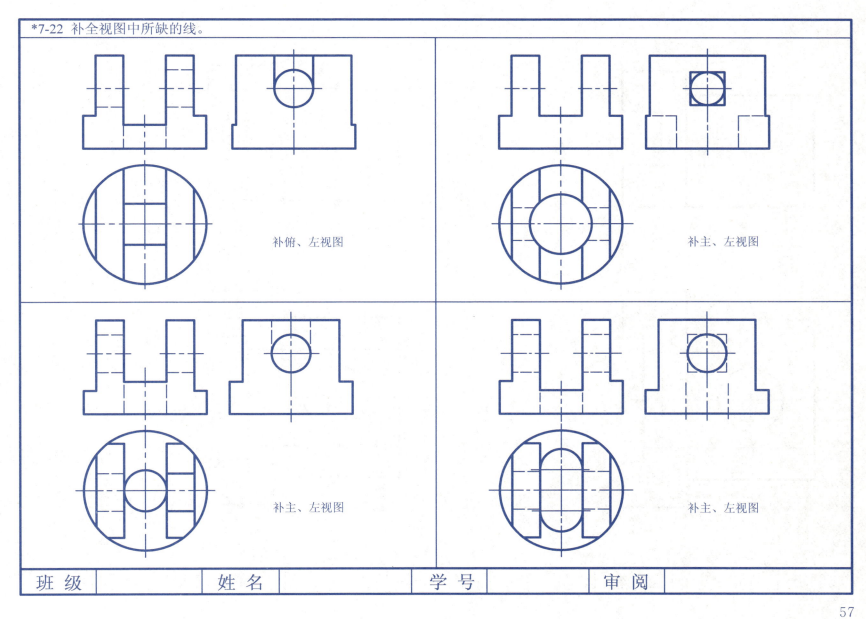

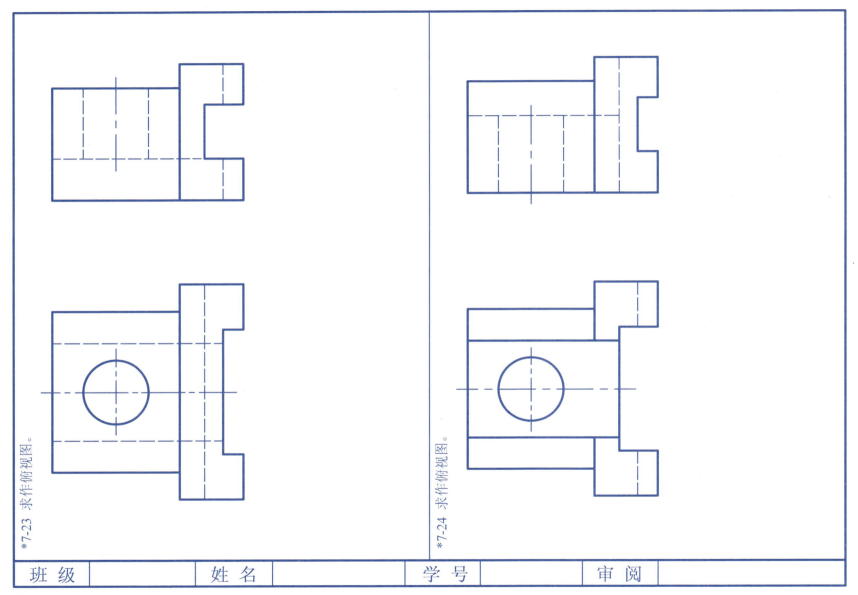

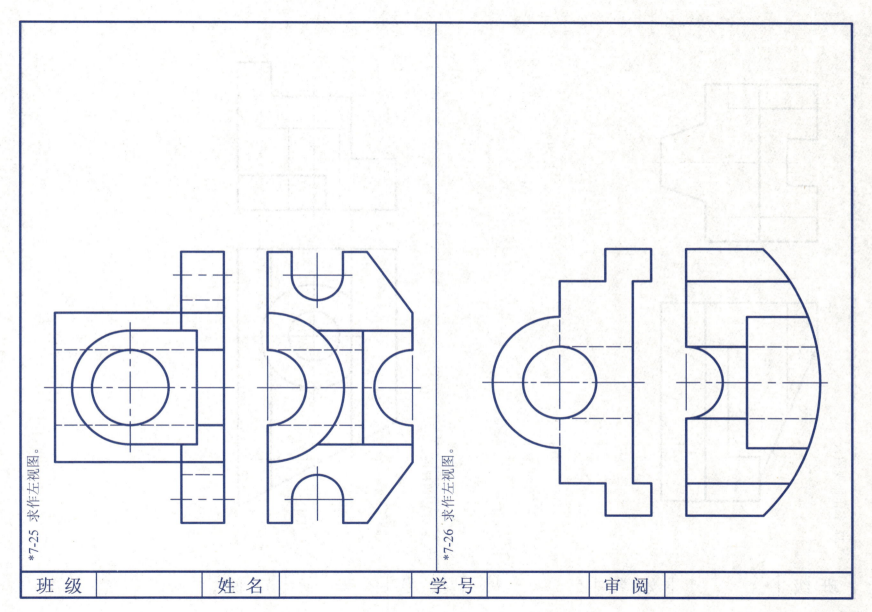

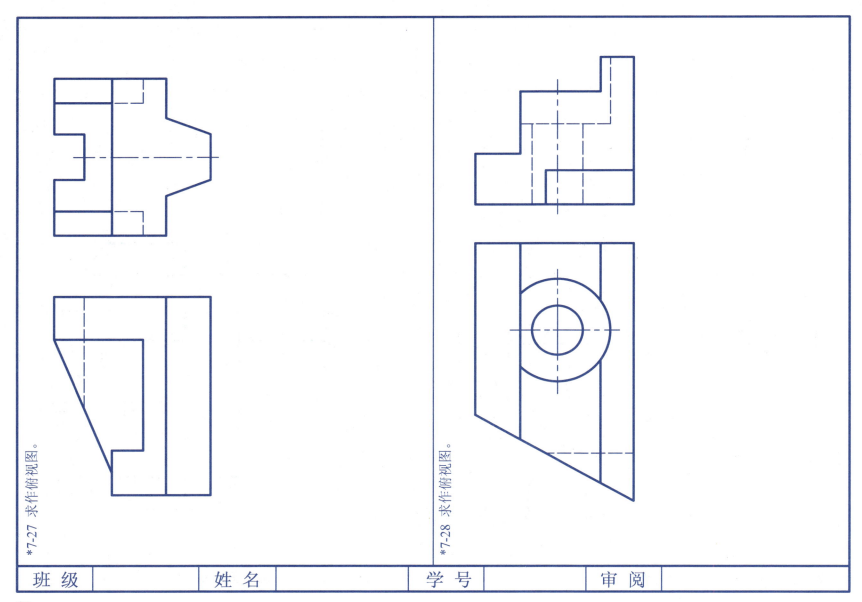

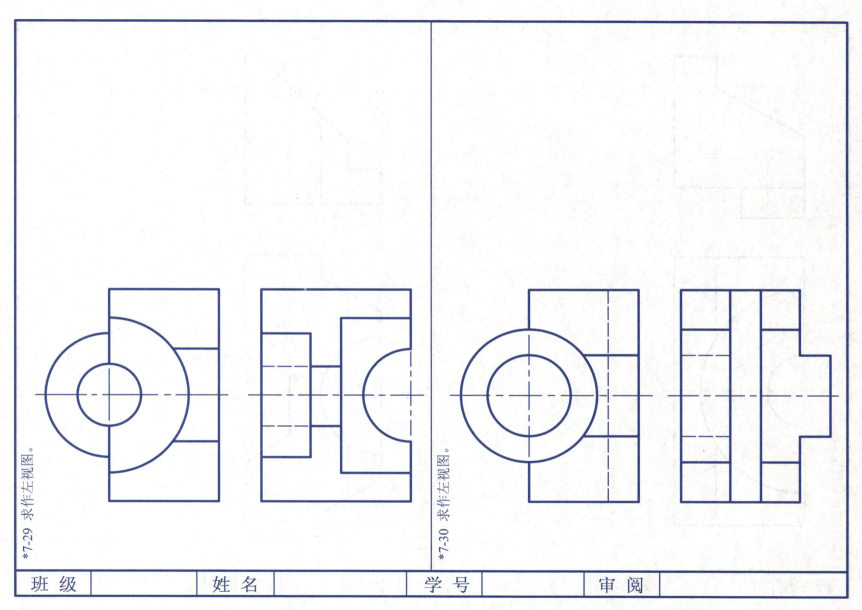

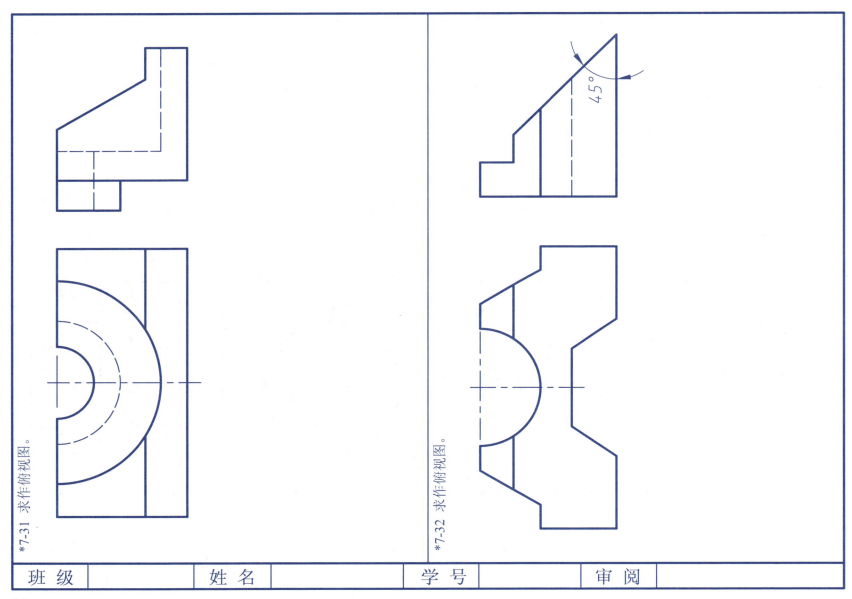

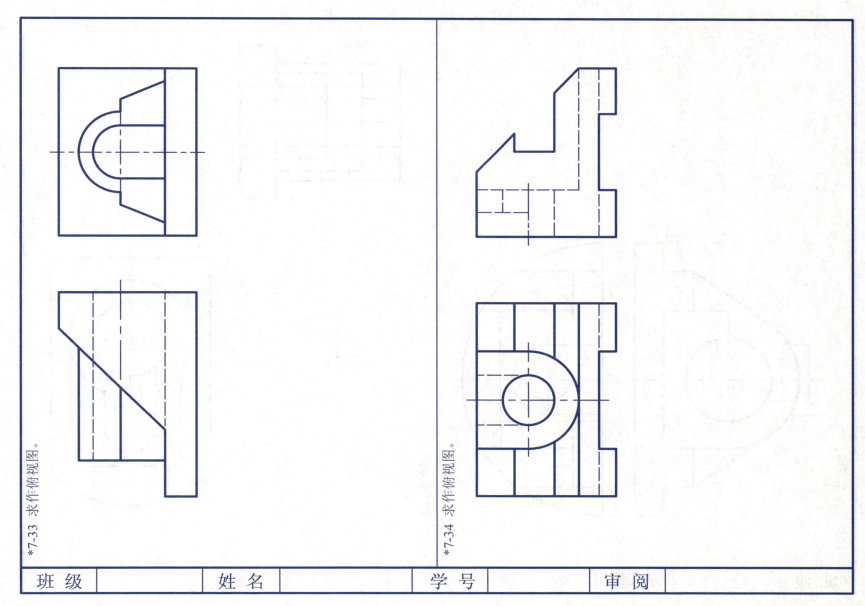

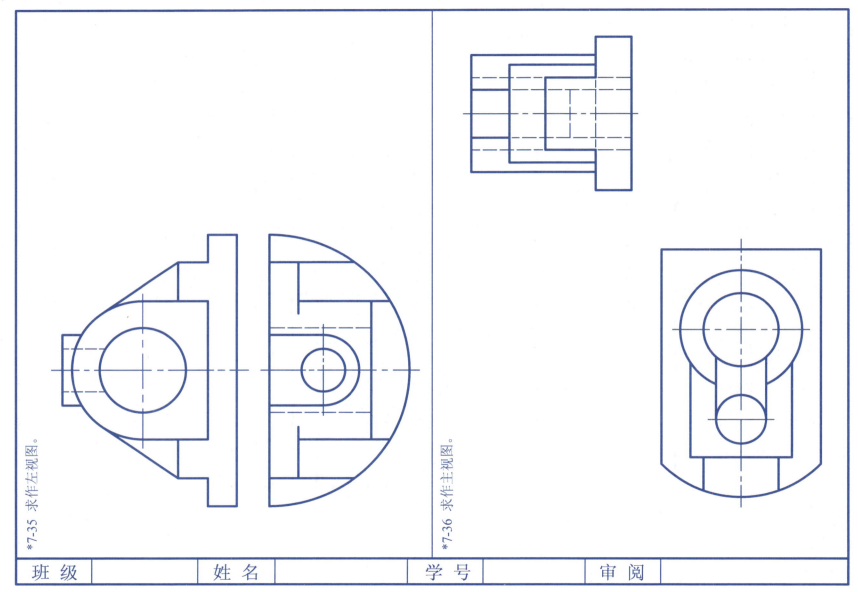

8 机件图样的画法

8-1 已知物体的主、俯、左视图，画出物体的其他三个基本视图。

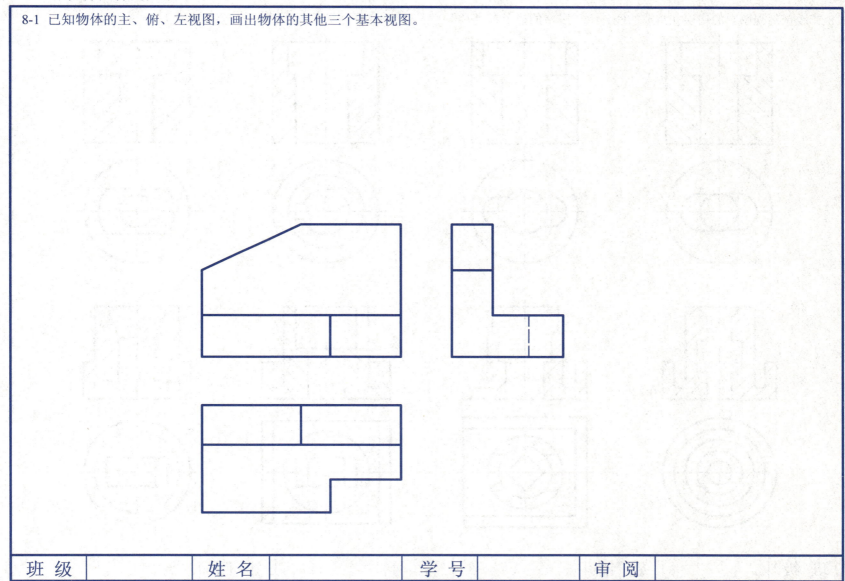

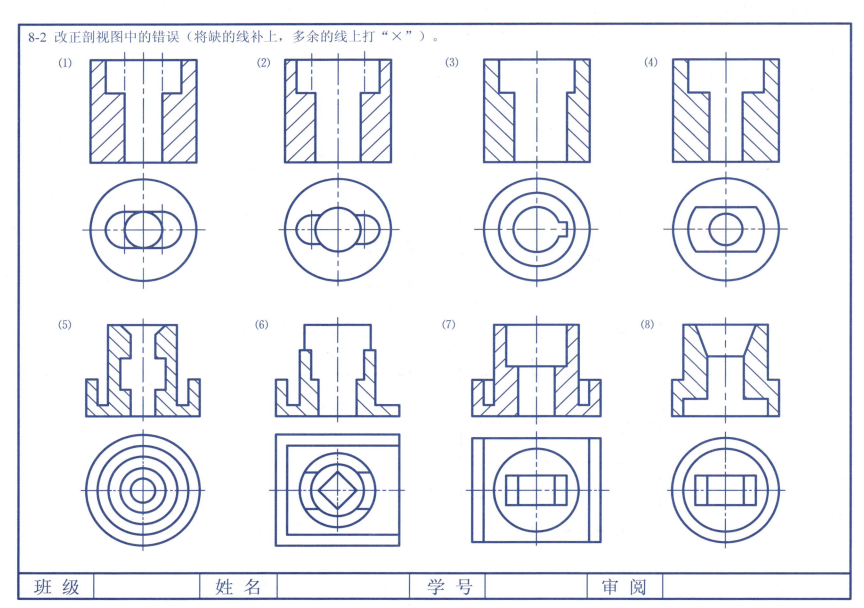

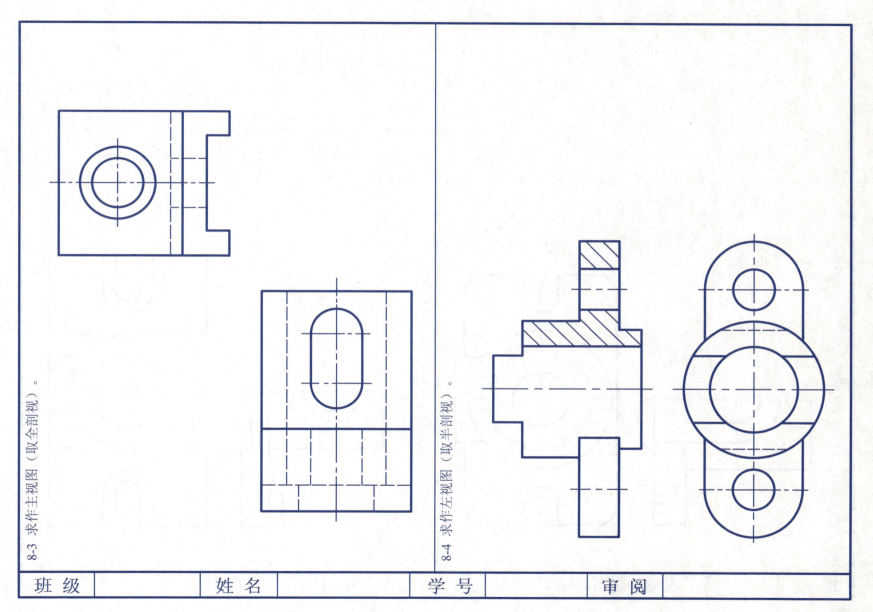

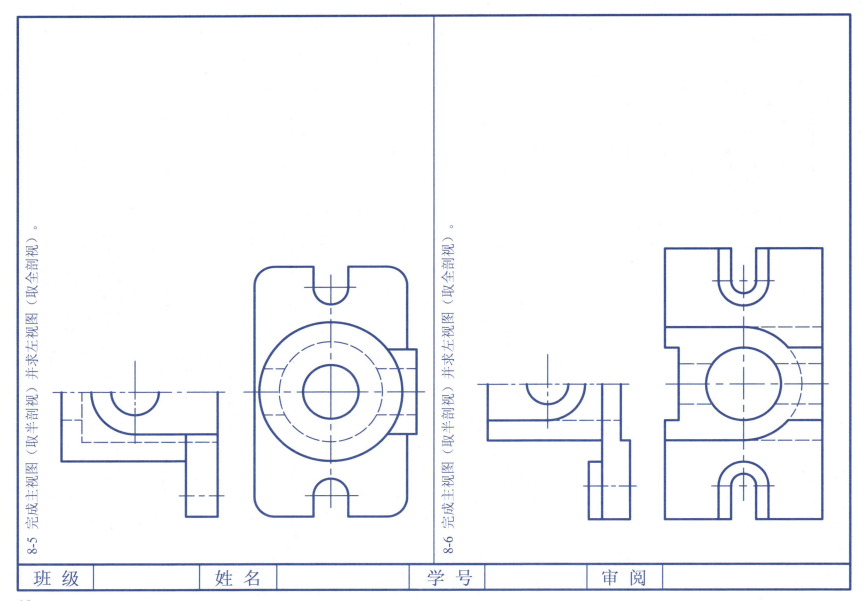

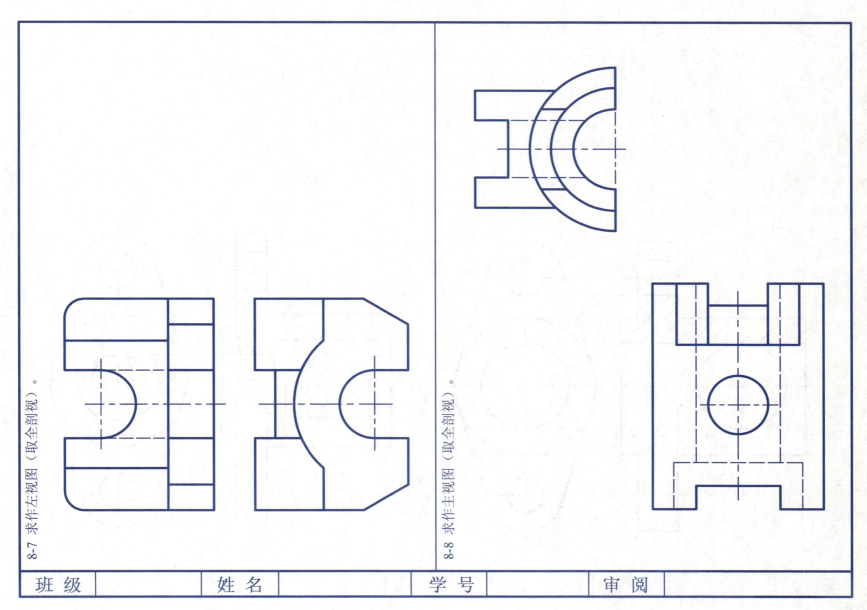

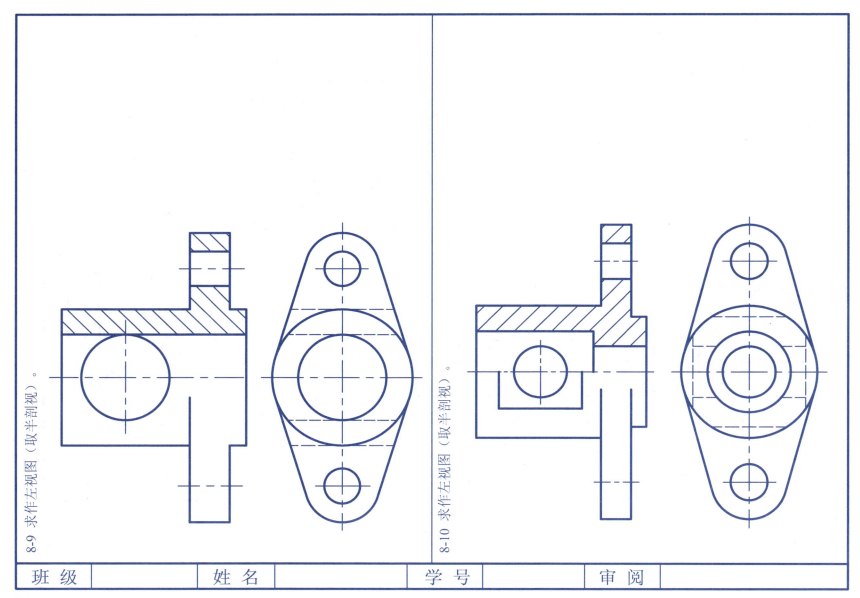

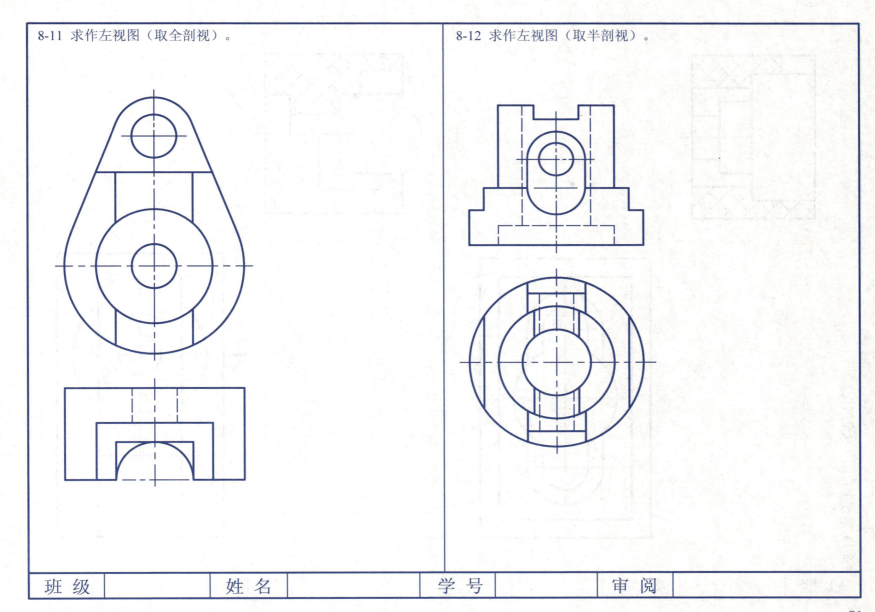

8-11 求作左视图（取全剖视）。

8-12 求作左视图（取半剖视）。

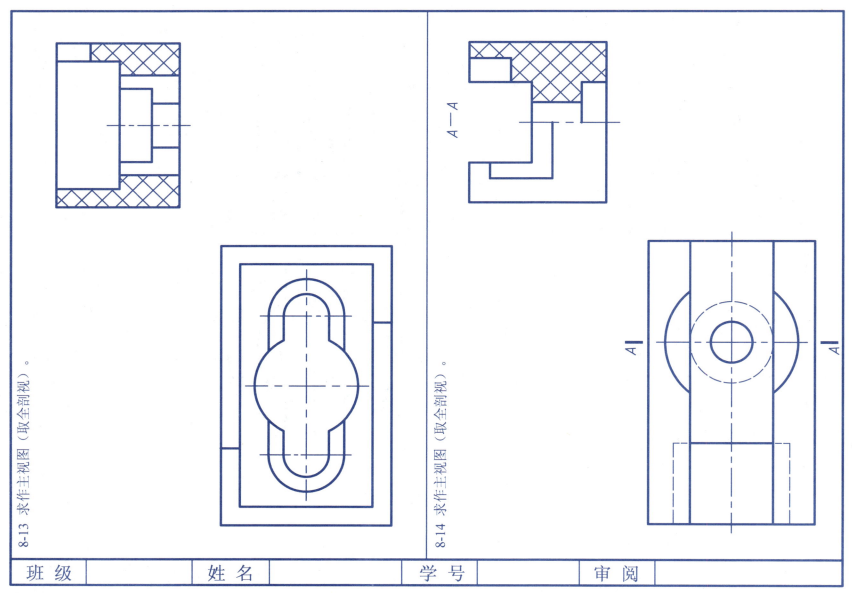

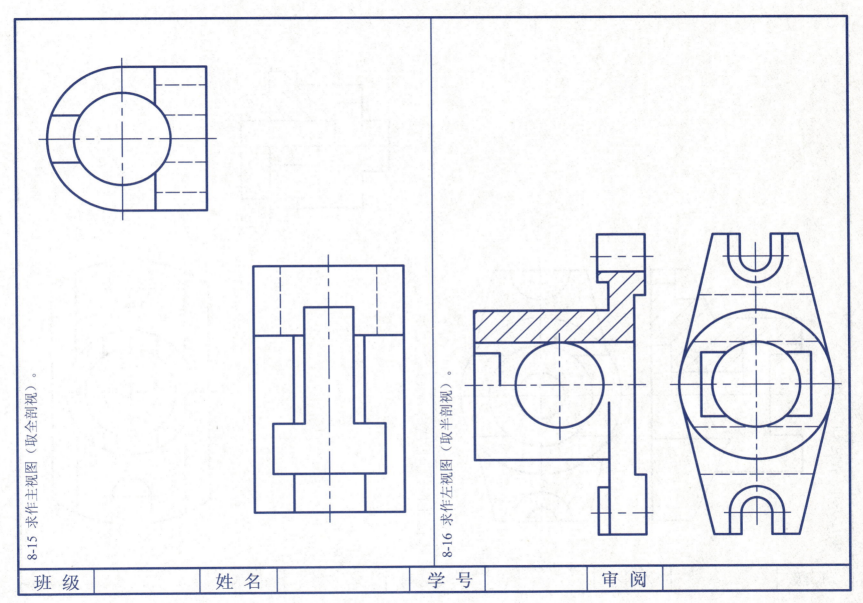

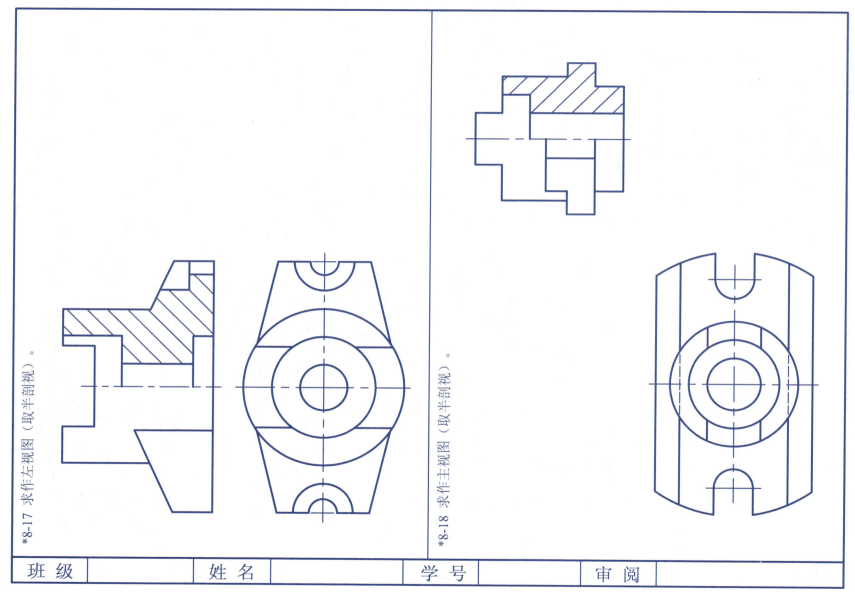

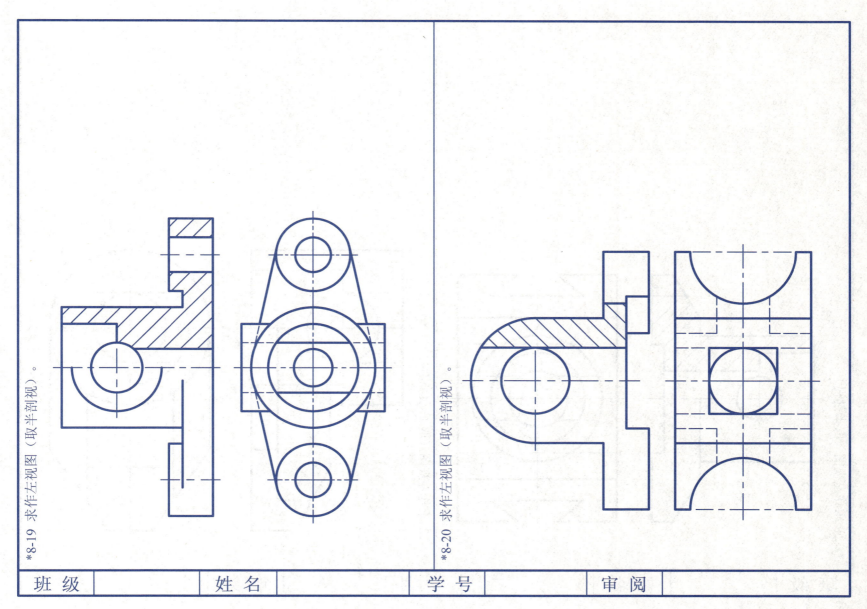

*8-19 求作左视图（取半剖视）。

*8-20 求作左视图（取半剖视）。

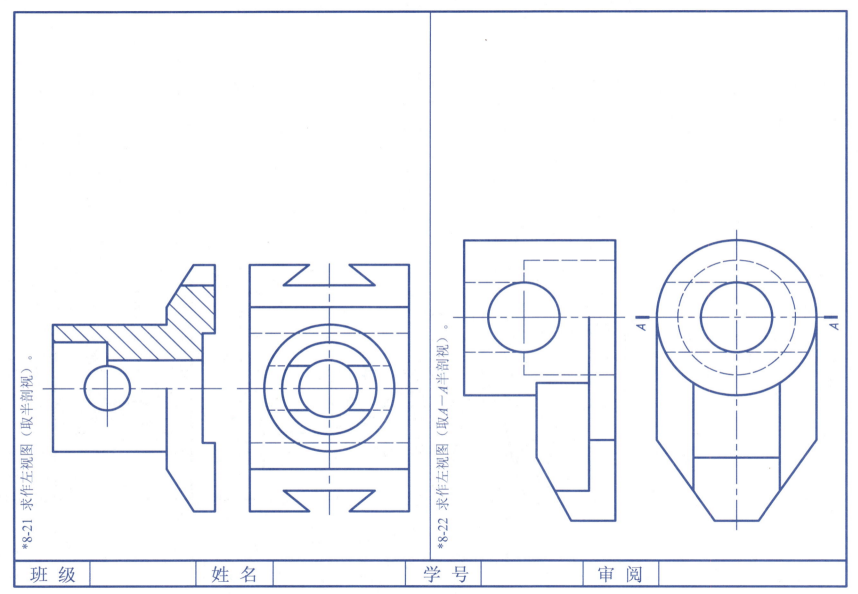

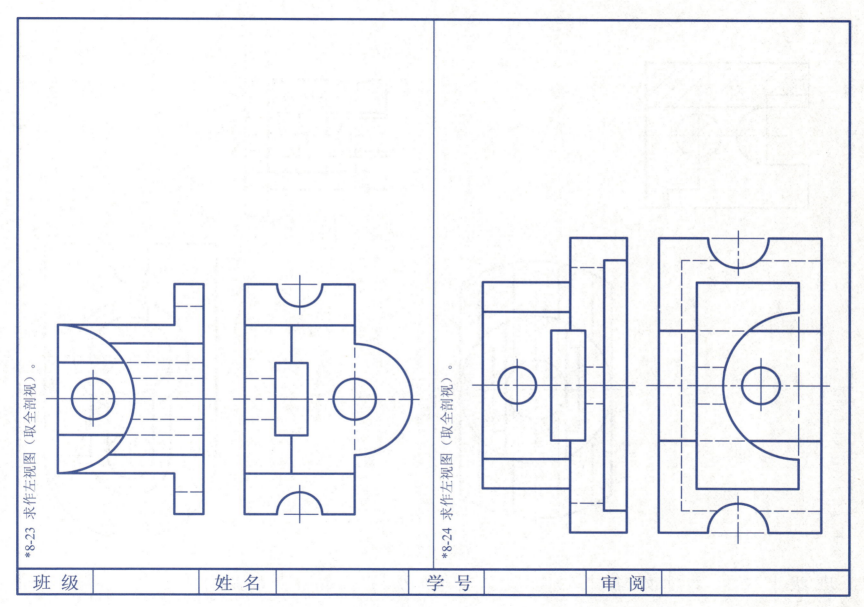

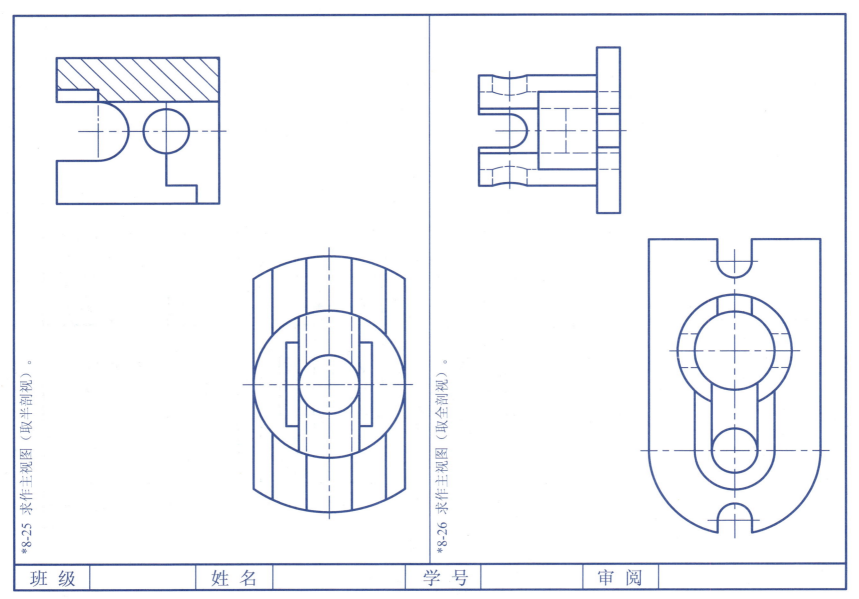

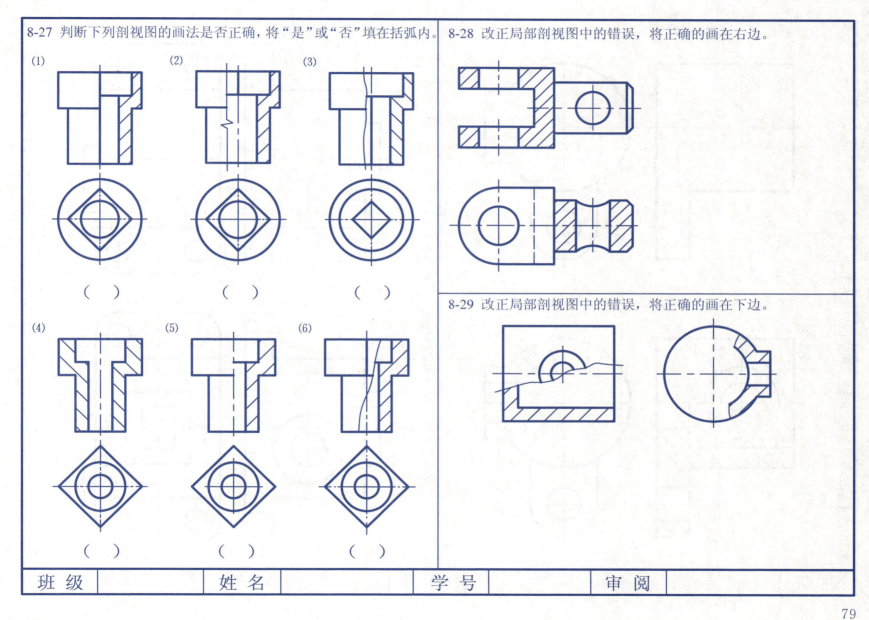

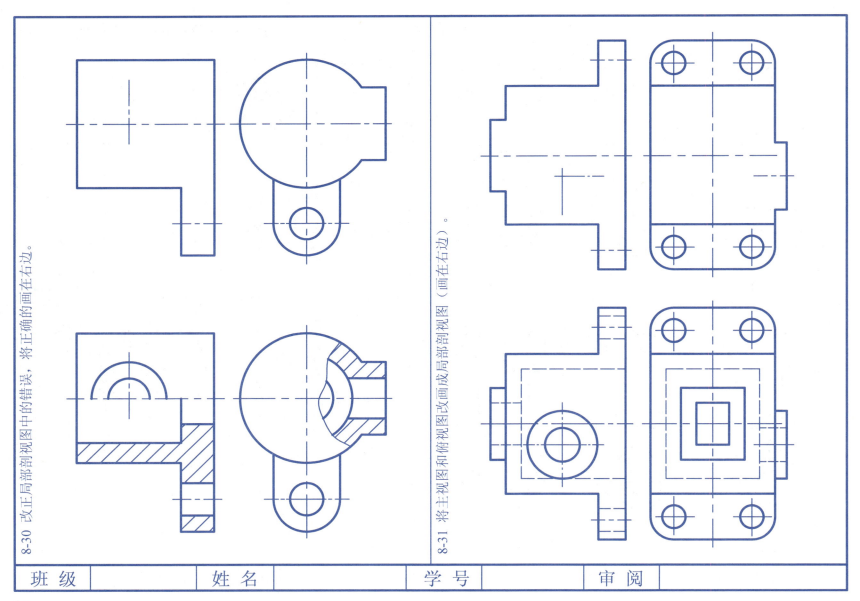

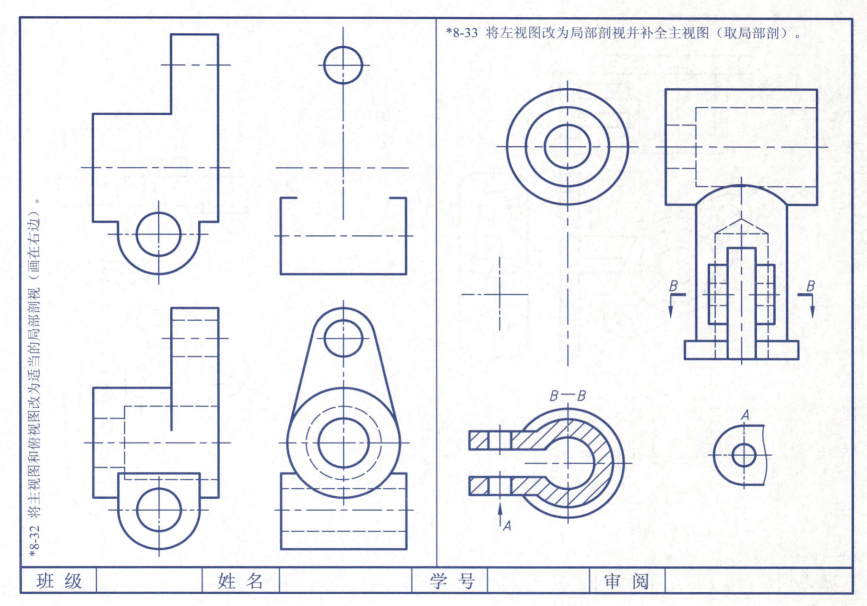

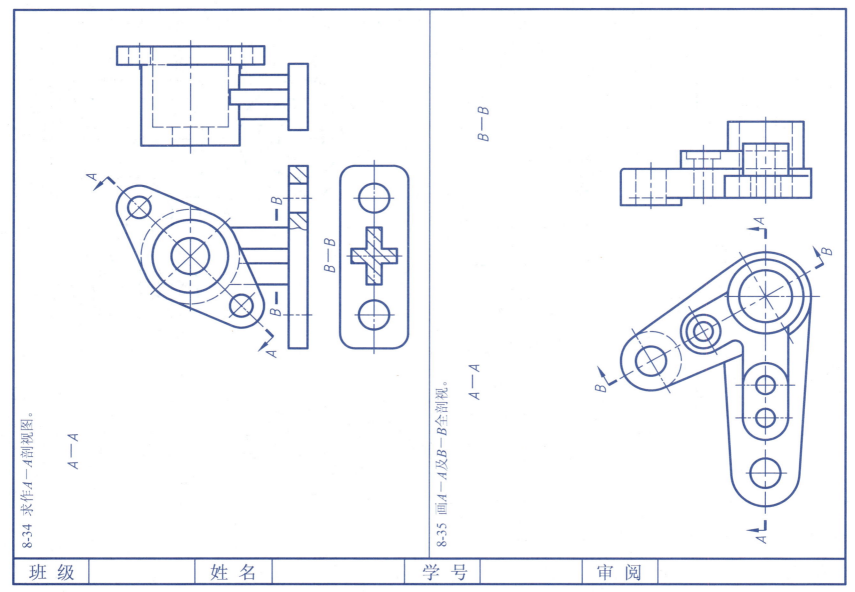

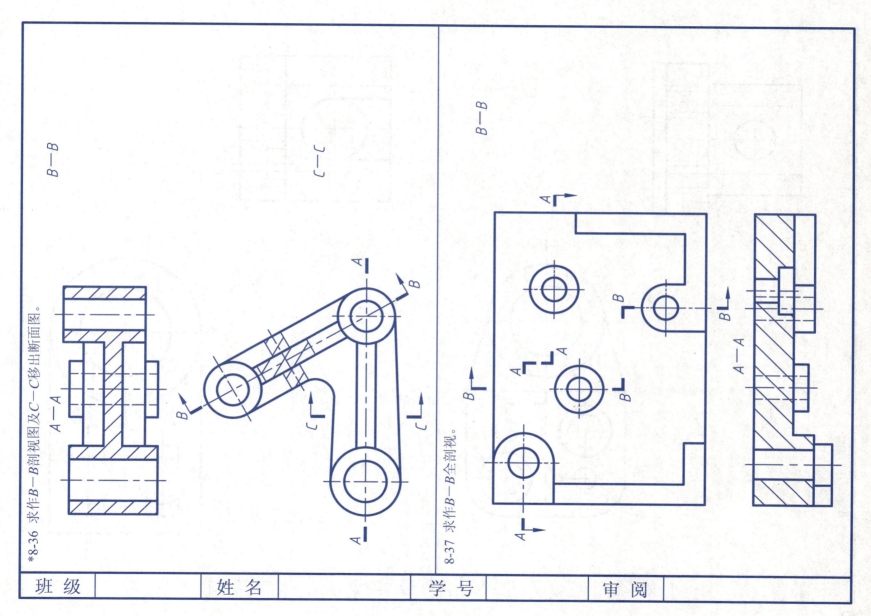

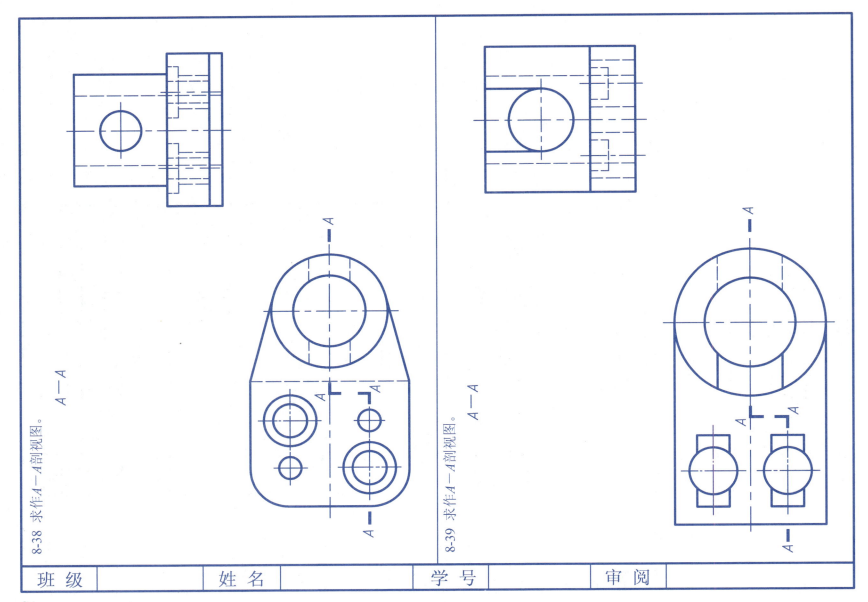

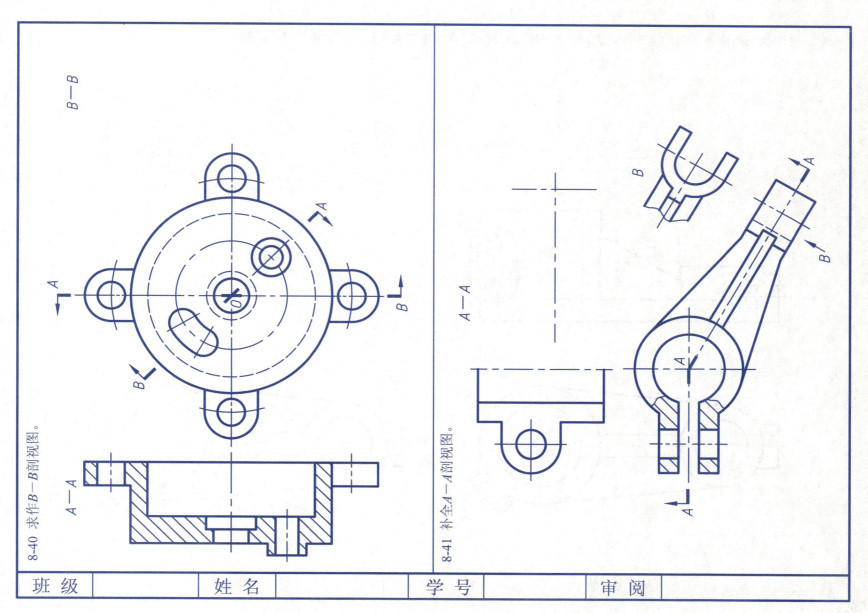

*8-42 将主视图改画成适当的剖视图,并画出B向局部视图和C向斜视图及肋板的重合断面图(要求标注)。

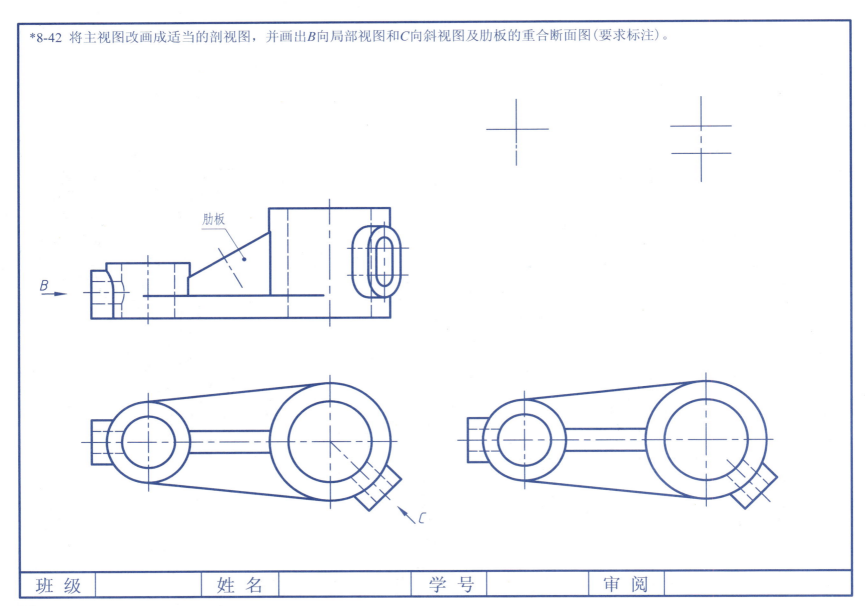

8-43 选择正确的断面图并对其进行标注。

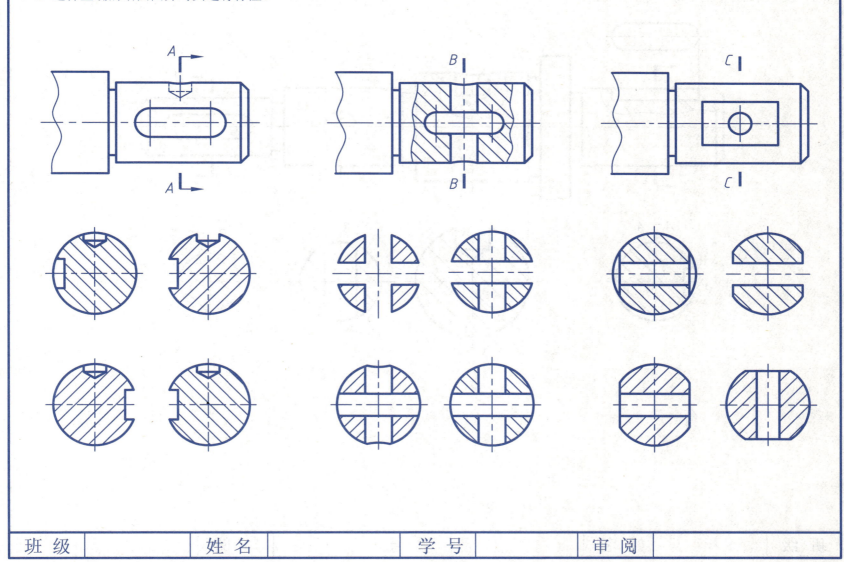

8-44 改正断面图中的错误，将正确的画在下面。

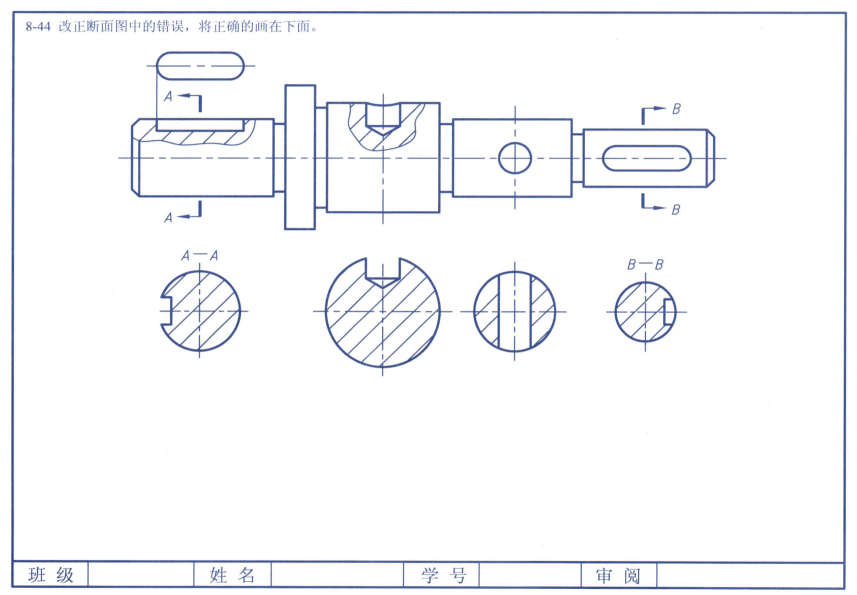

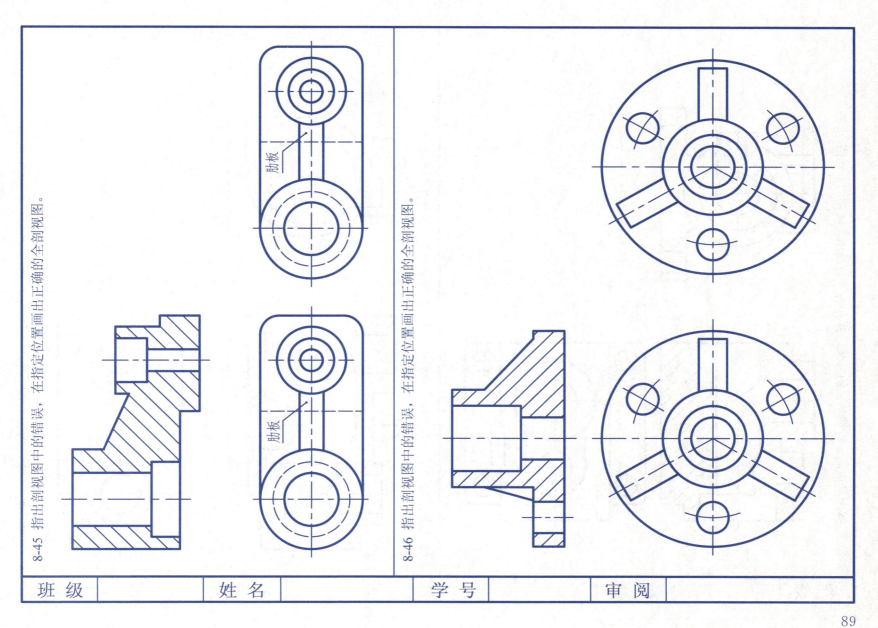

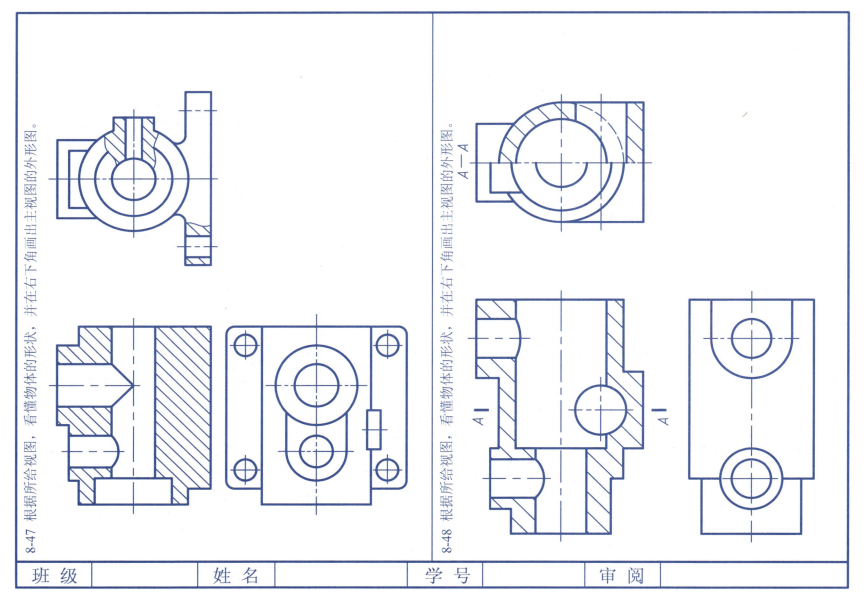

8-49 根据所给视图,看懂物体的形状,重新选择表达方案,将物体的内、外形表达清楚(画在空白处)。

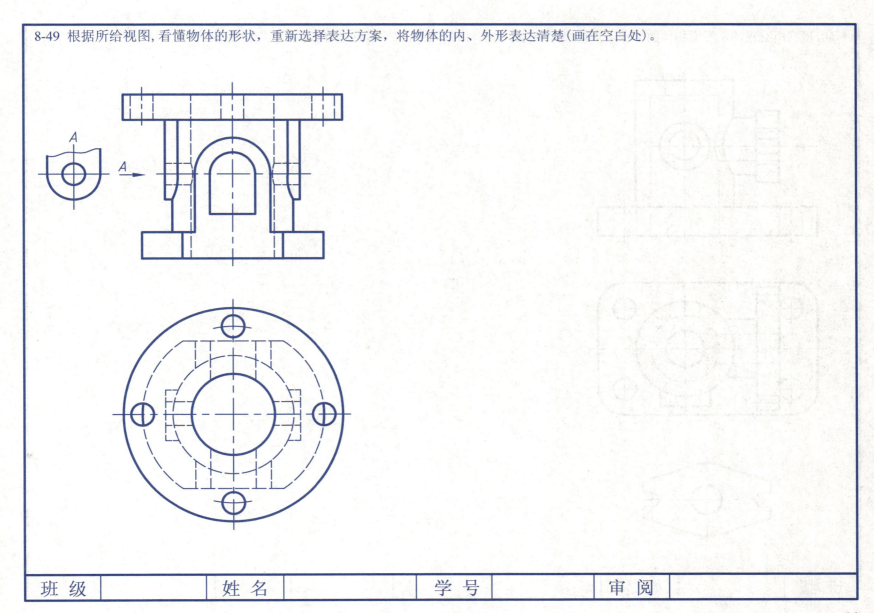

8-50 根据所给视图，看懂物体的形状，重新选择表达方案，将物体的内、外形表达清楚（画在空白处）。

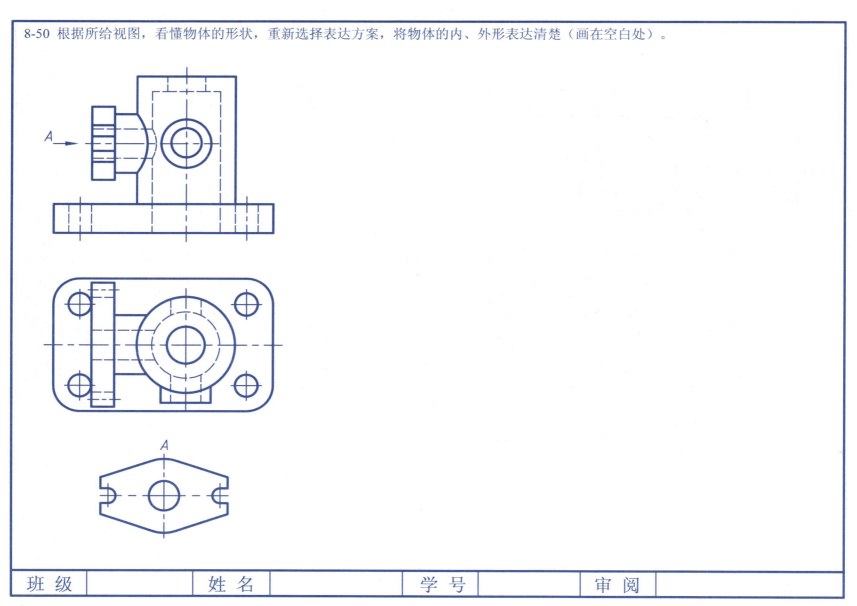

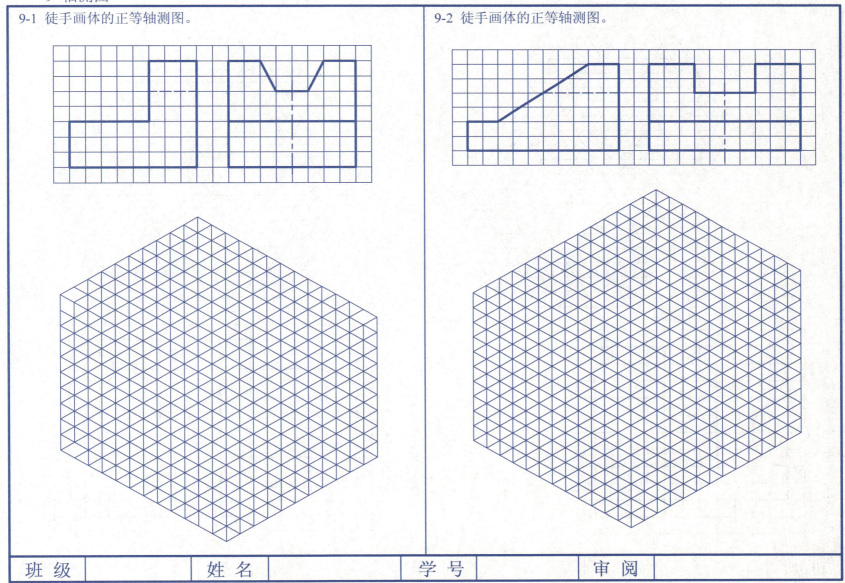

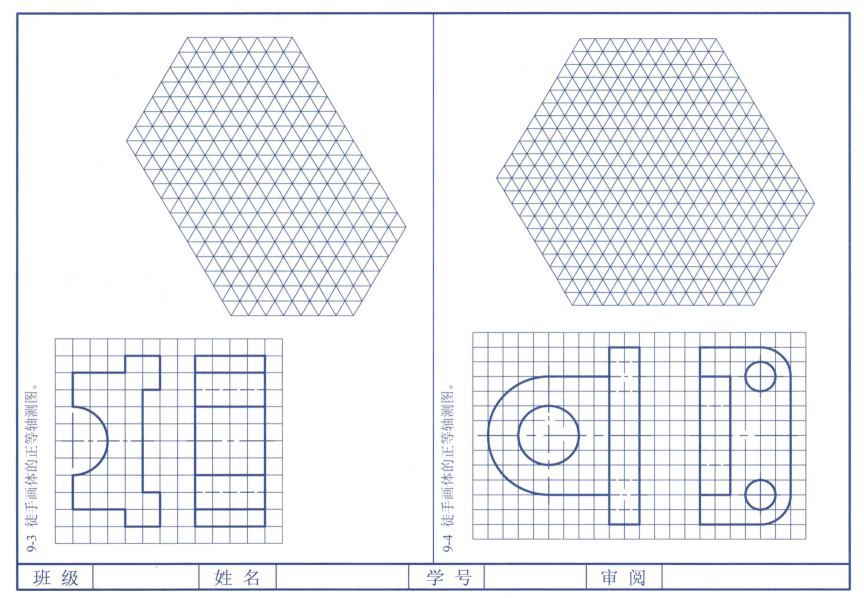

9-5 徒手画体的正等轴测图和斜二轴测图。

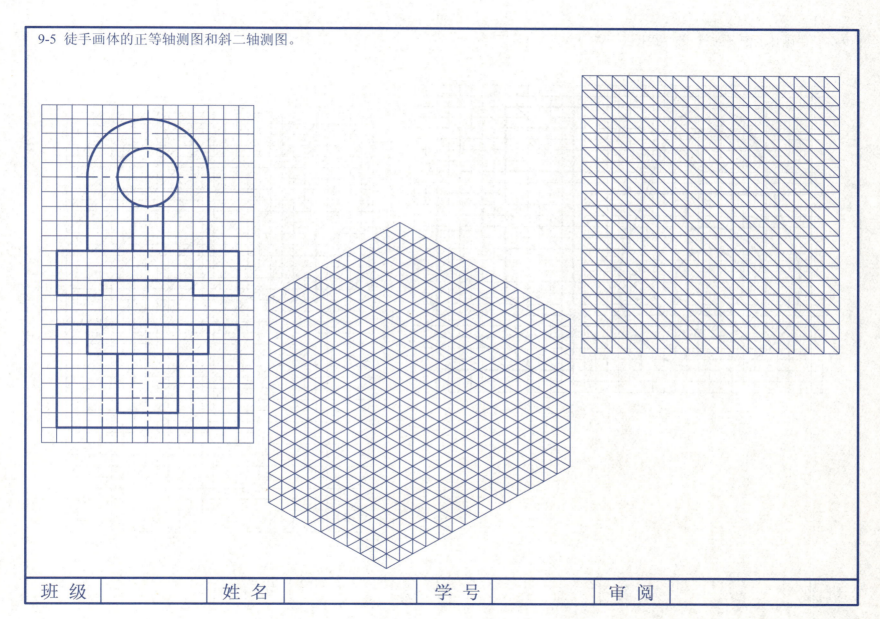

9-6 徒手画体的剖开的斜二轴测图。

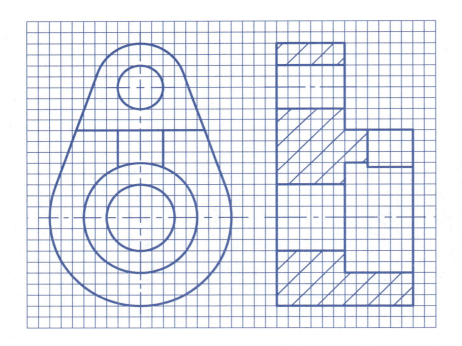

| 班 级 | | 姓 名 | | 学 号 | | 审 阅 | |

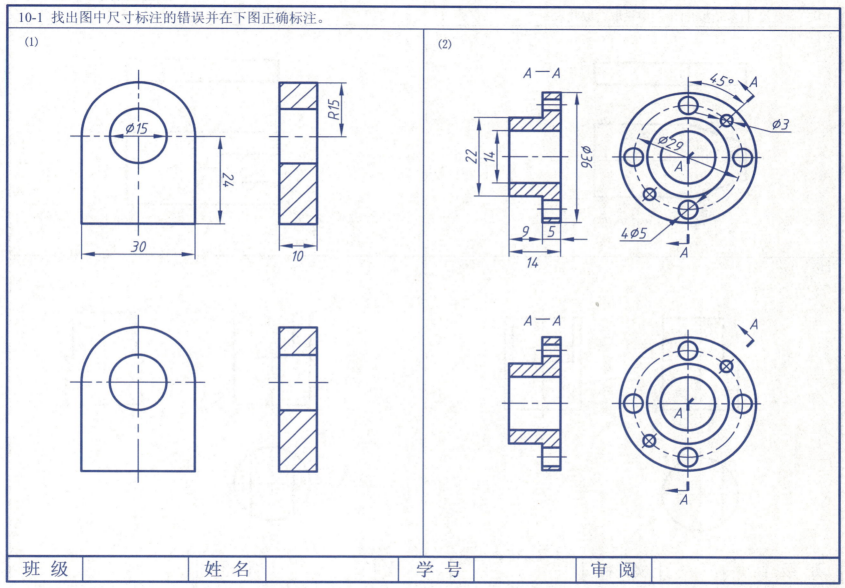

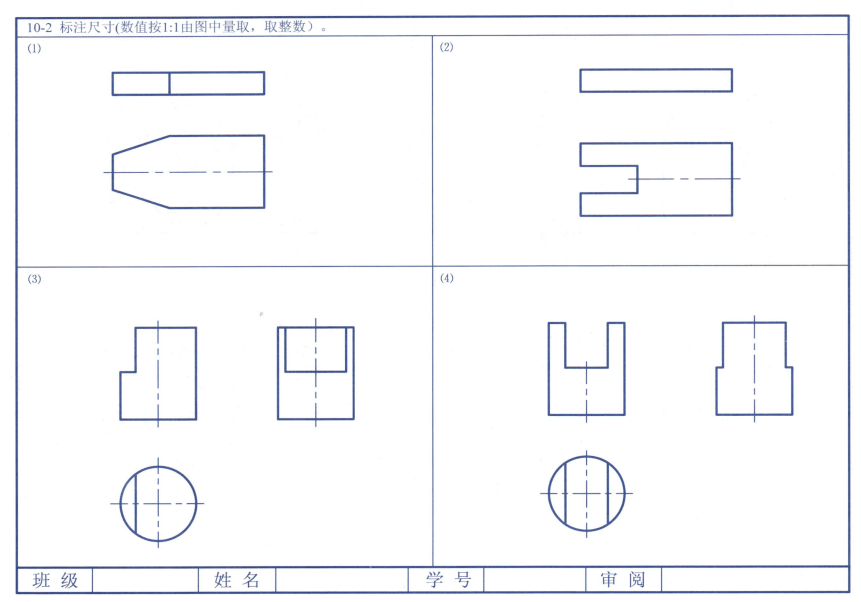

10-3 分析图中的尺寸标注，回答下列问题。

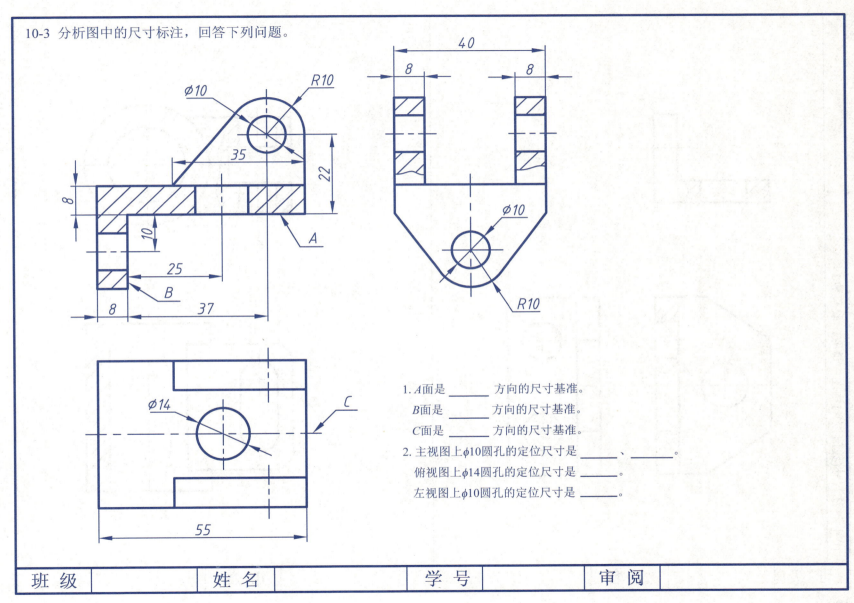

1. A面是 _____ 方向的尺寸基准。
   B面是 _____ 方向的尺寸基准。
   C面是 _____ 方向的尺寸基准。
2. 主视图上 φ10 圆孔的定位尺寸是 _____、_____。
   俯视图上 φ14 圆孔的定位尺寸是 _____。
   左视图上 φ10 圆孔的定位尺寸是 _____。

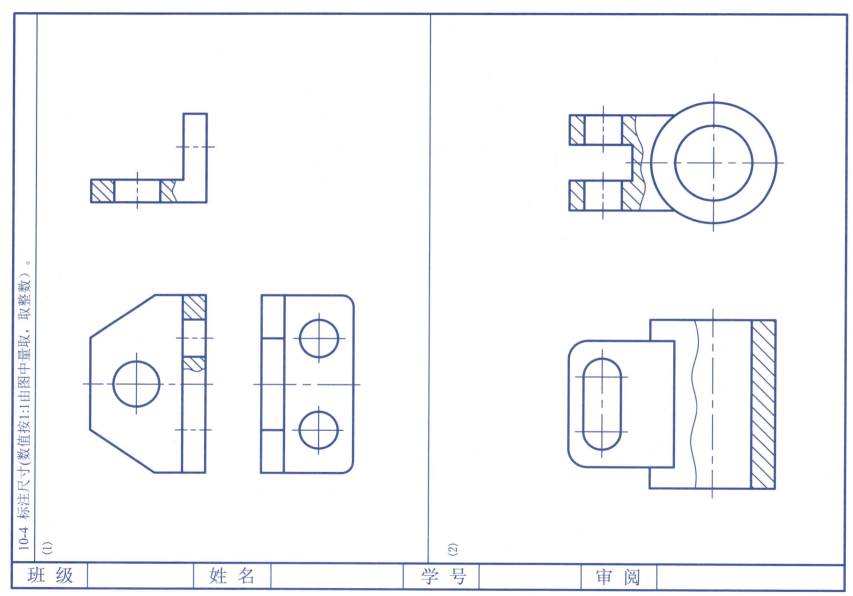

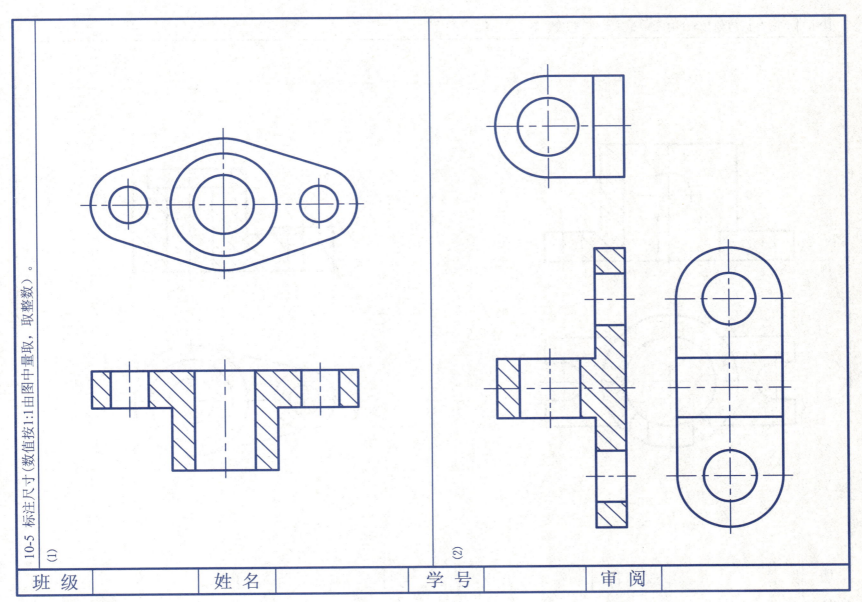

10-6 标注尺寸(数值按1:1由图中量取，取整数)。

(1)

(2)

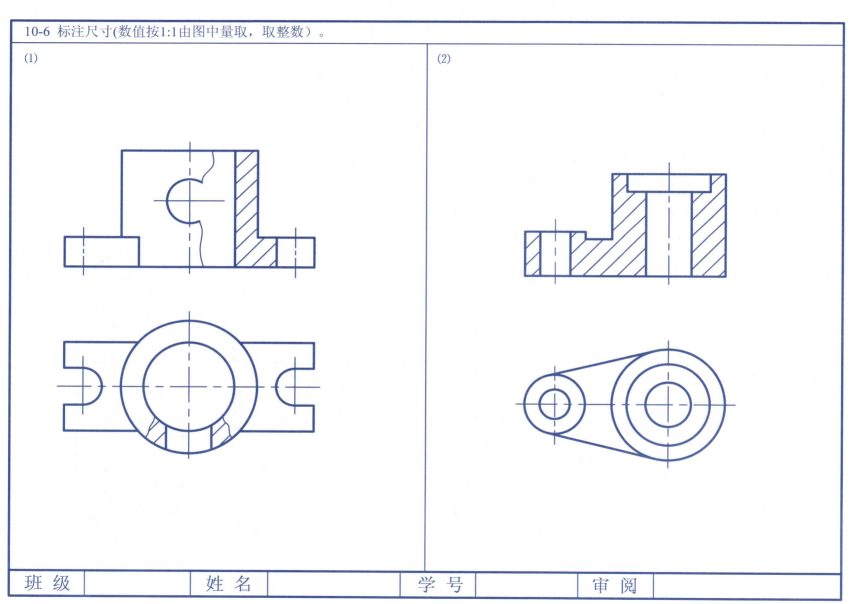

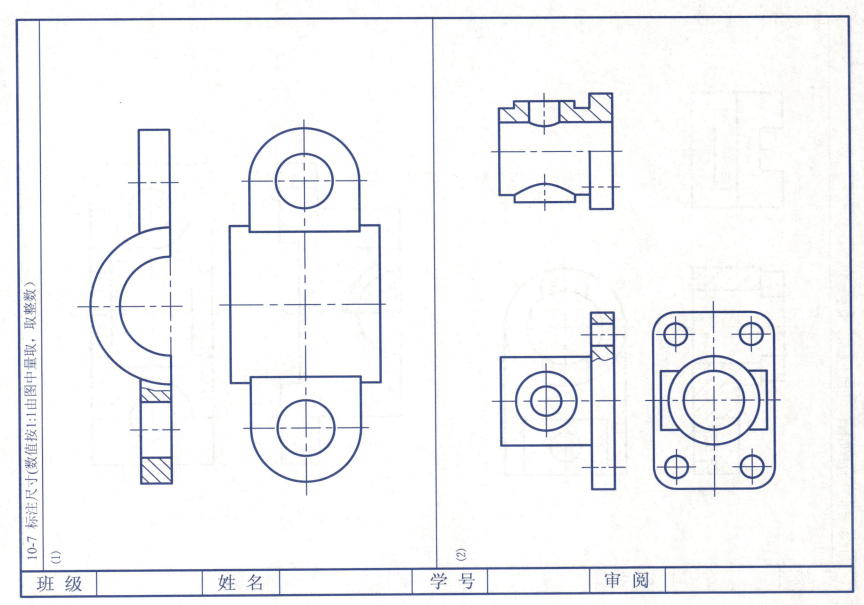

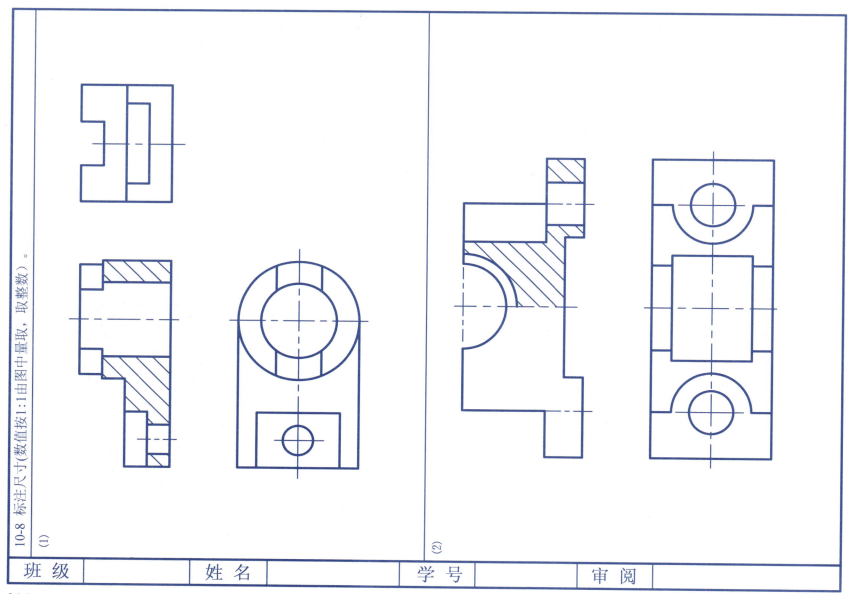

11 螺纹及螺纹紧固件

11-1 识别下列螺纹标记中各代号的意义，并填表。

螺 纹 标 记	螺 纹 种 类	螺纹大径	导程	螺距	线数	中径公差带代号	旋合长度代号	旋向
M20 – 7H – LH								
M20×1.5 – 7g6g – L								
Tr40×14(P7) – 8e								
G3/8								

11-2 检查螺纹画法中的错误，将正确的画在下面。

(1)   (2)

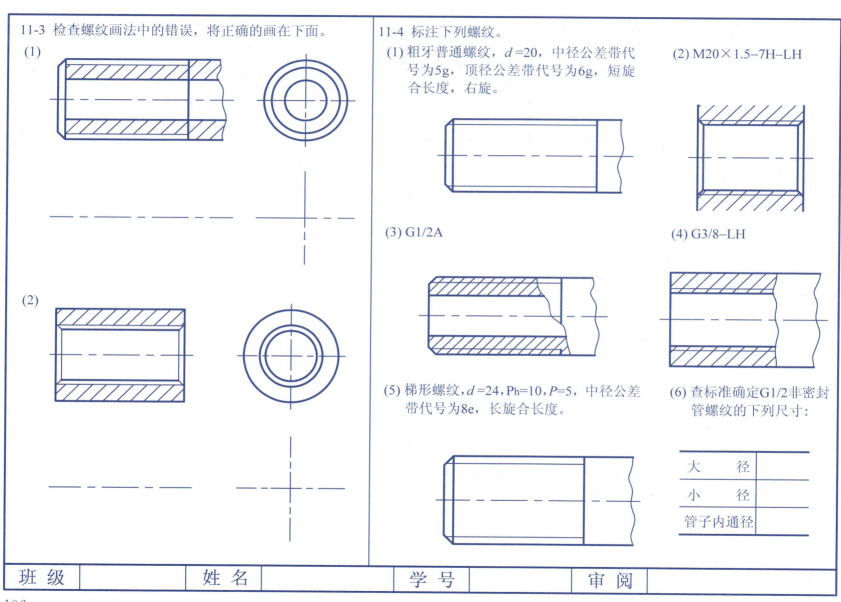

11-5 检查各图中画法的错误，将正确的画在右面。
(1) 内、外螺纹连接
(2) 螺钉连接
(3) 螺柱连接

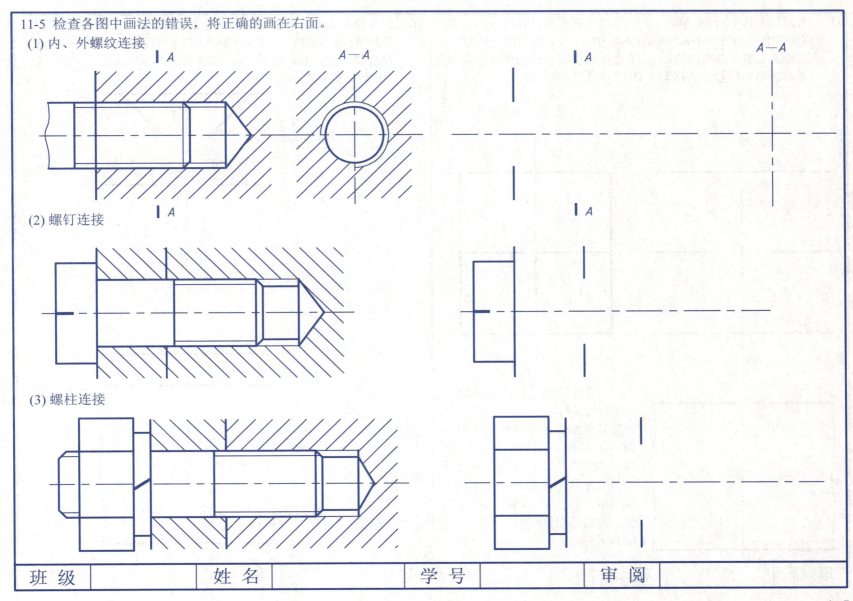

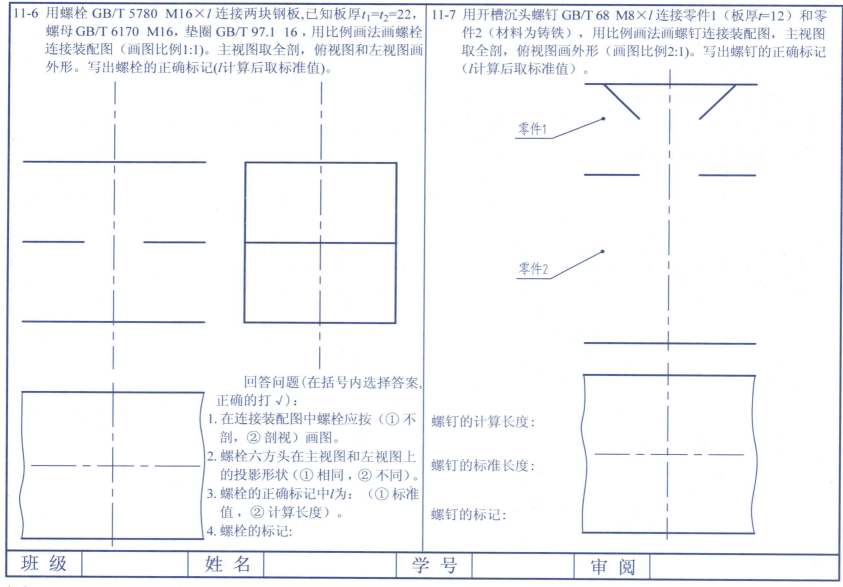

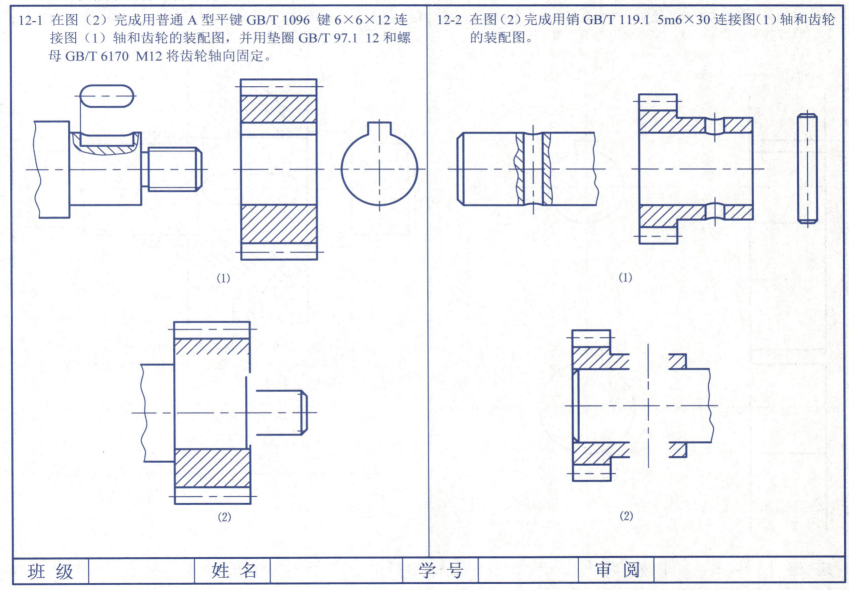

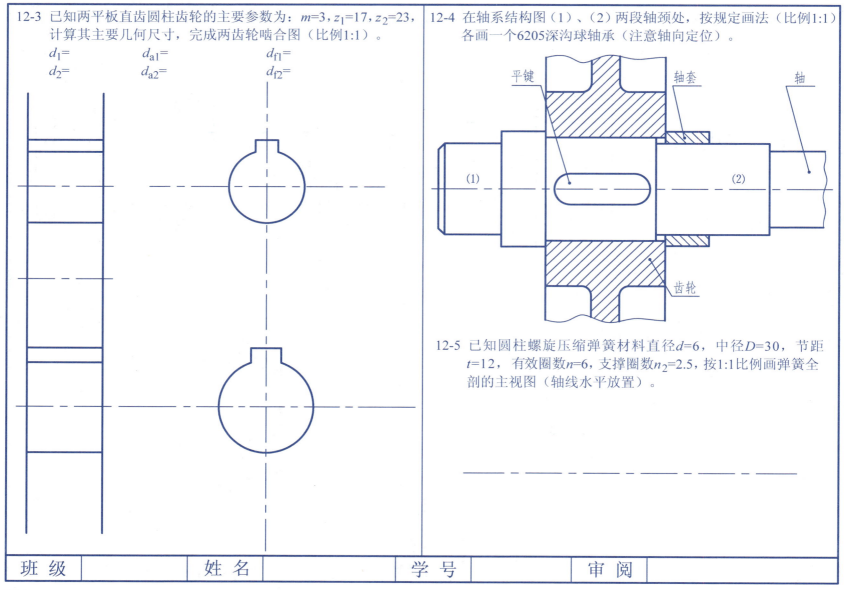

13 零件图

13-1 画支座的零件图（A3图幅，比例1:1）
材料：HT150

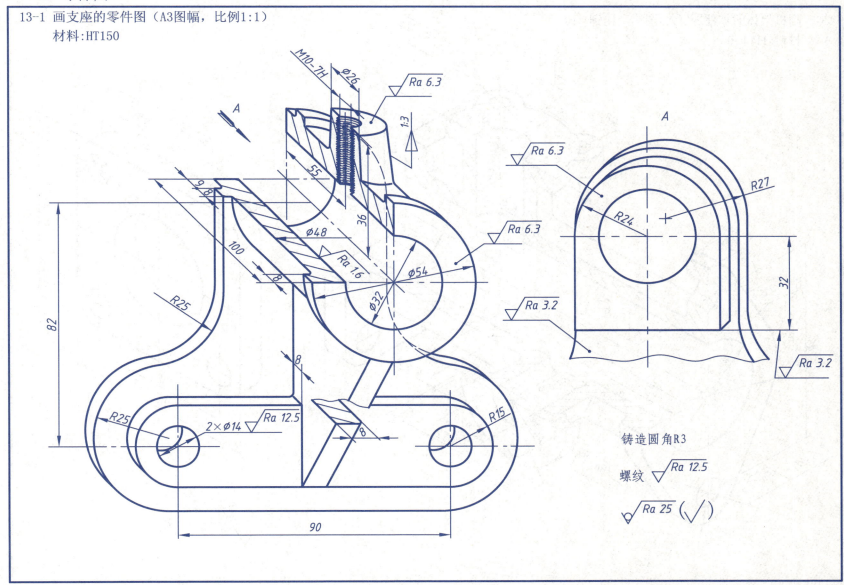

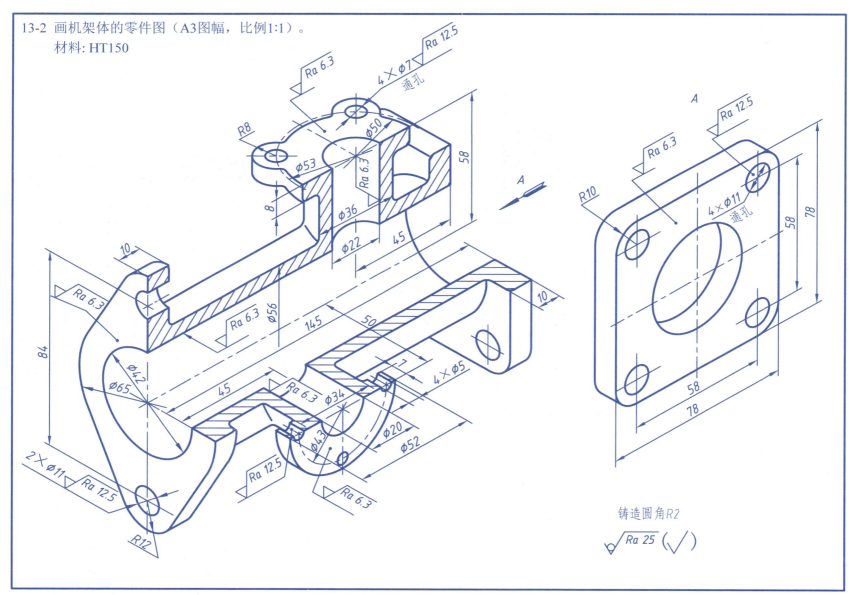

13-3 画泵体的零件图（A4图幅，比例1:1）。

材料：HT200

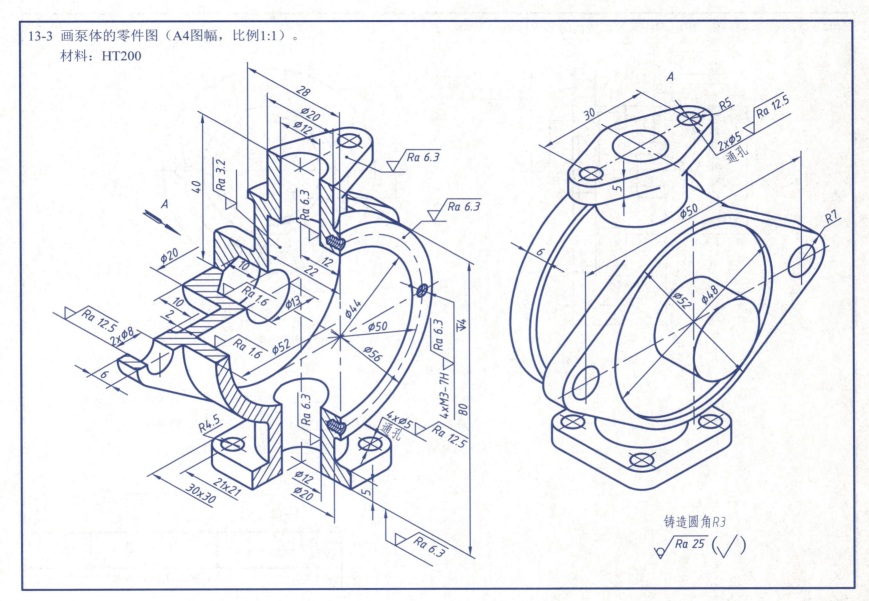

铸造圆角R3

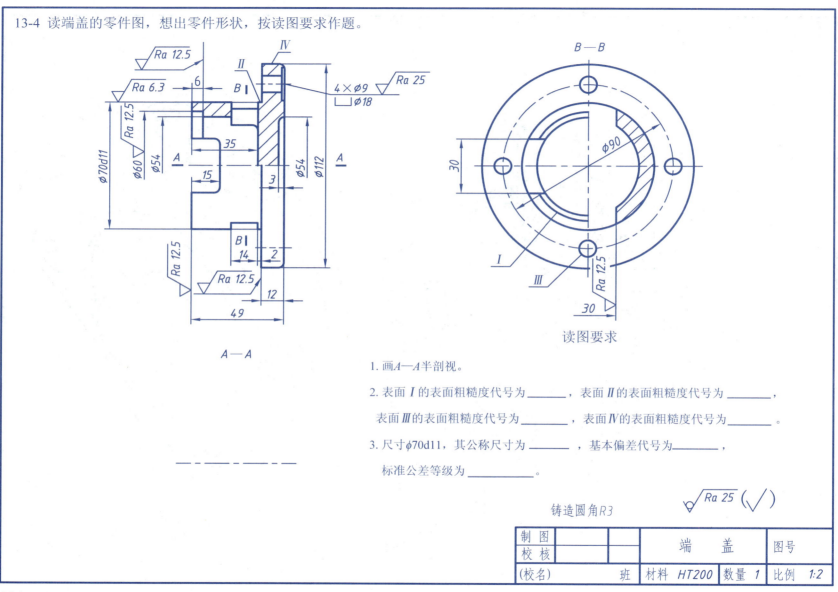

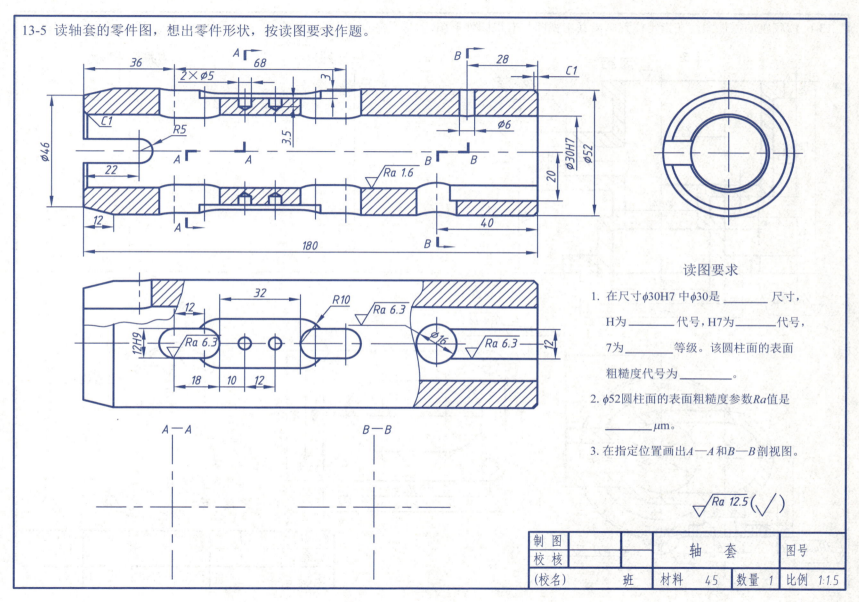

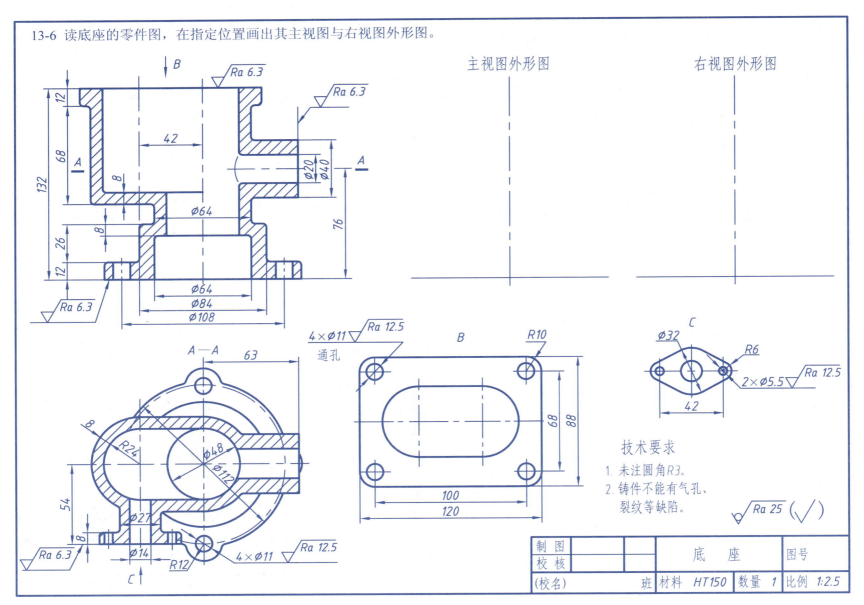

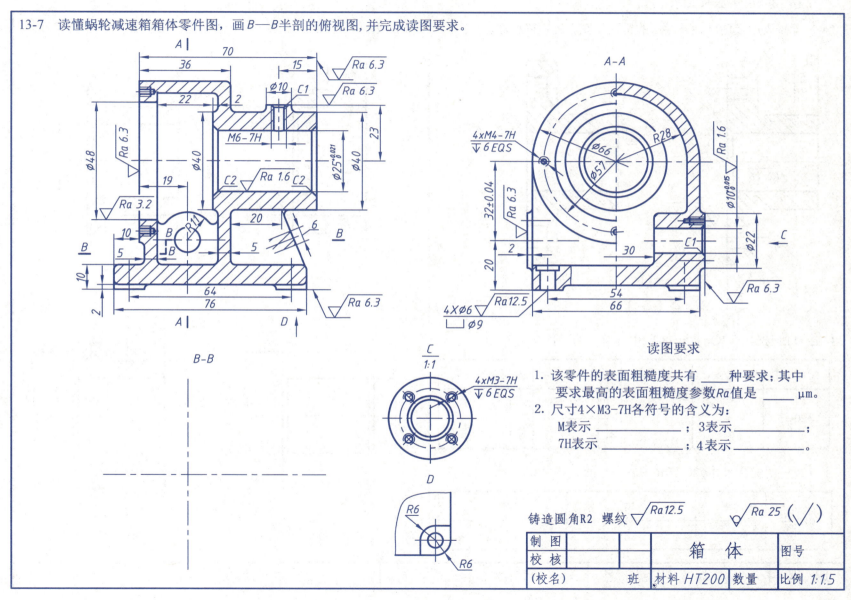

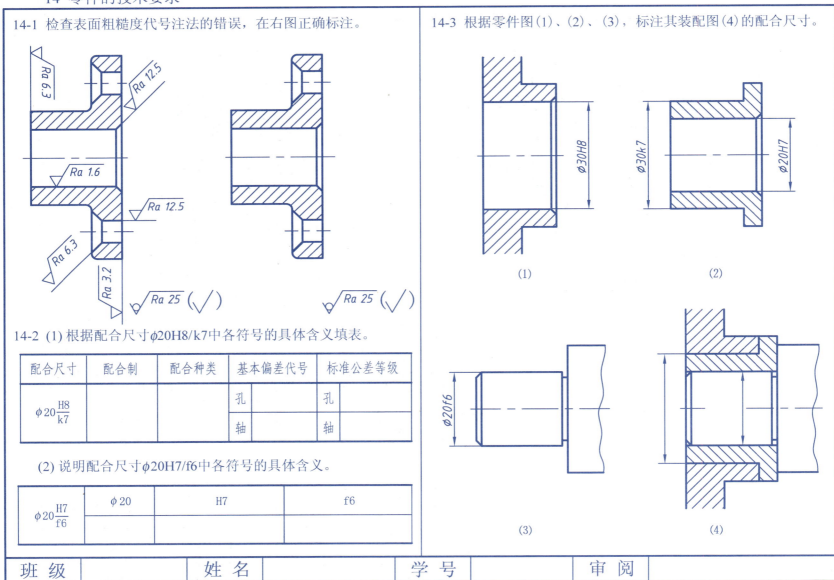

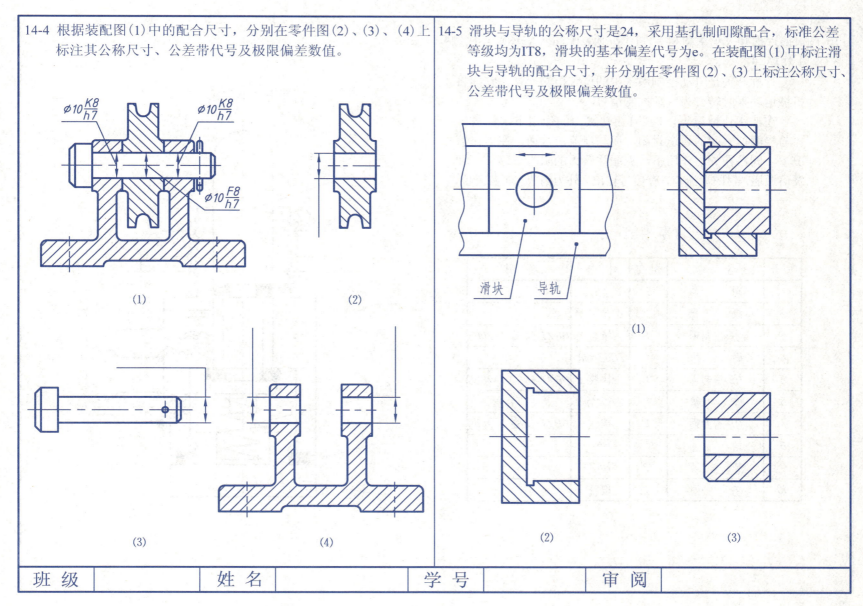

15 装配图

15-1 根据行程开关示意图和零件图,拼画装配图（A3图幅，比例4:1）。

工作原理：

行程开关是气动控制系统中的位置检测元件，它能将机械运动瞬时转变为气动控制信号。

在非工作情况下，阀芯1在弹簧力的作用下，使发信口与气源口之间的通道封闭，而与泄流口接通。在工作情况下，阀芯在外力作用下，克服弹簧力的阻力下移，打开发信通道，封闭泄流口，有信号输出。外力消失，阀芯复位。

零 件 目 录

序号	名 称	数量	材料	备 注
1	阀 芯	1	45	
2	螺 母	2	H62	
3	O形密封圈	1	橡胶	GB/T 3452.1-2005
4	阀 体	1	ZCuZn38	
5	O形密封圈	1	橡胶	GB/T 3452.1-2005
6	弹 簧	1	65Mn	
7	O形密封圈	1	橡胶	GB/T 3452.1-2005
8	端 盖	1	H62	
9	管 接 头	2	H62	
10	垫 圈	2	橡胶	

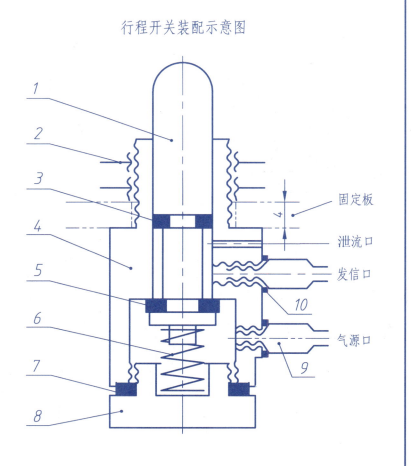

行程开关装配示意图

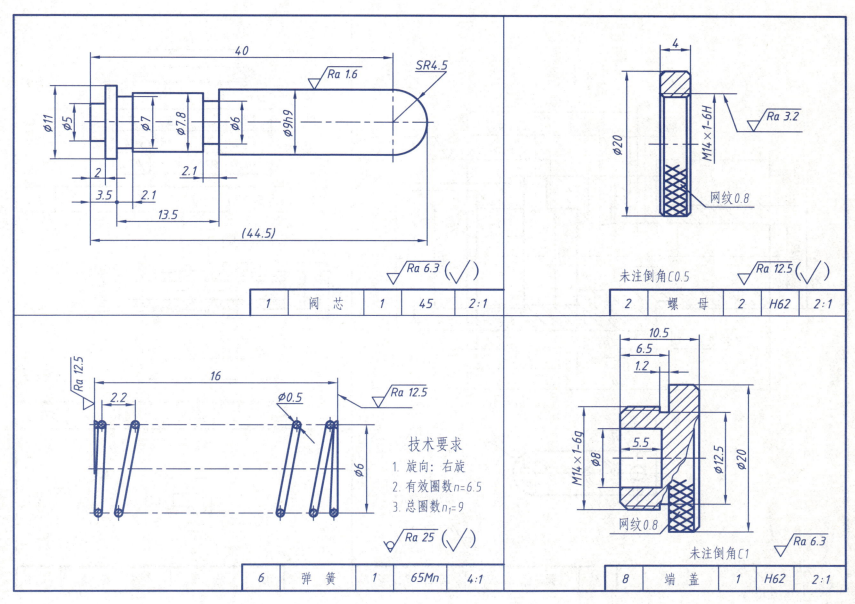

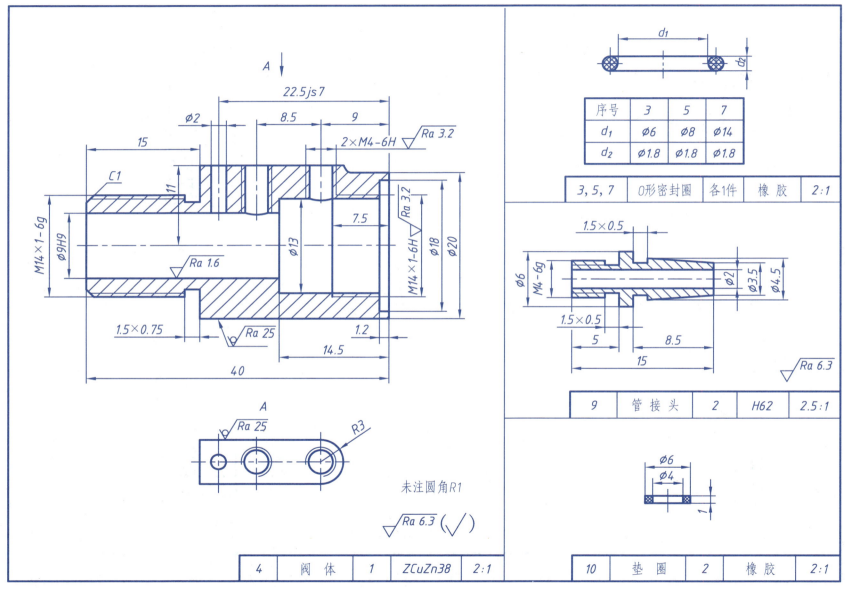

15-2 根据转子泵的示意图和零件图拼画装配图（采用2号图纸，比例1:1）。

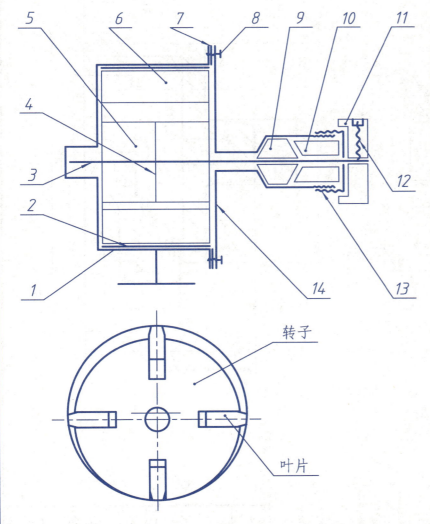

工作原理

转子泵是中压定量叶片泵。泵体1两侧的管螺纹与油管相连，分别为进、出油口，哪个进油哪个出油视转子5的旋转方向而定。

泵体1与转子5之间由于偏心而形成一个新月形空腔。当马达通过皮带轮11带动轴3旋转时，叶片6由于离心力的作用紧贴在衬套2的内壁上。当叶片开始由新月形空腔的尖端转向中部时，两相邻叶片与衬套形成的空间逐渐变大，完成吸油过程。越过中点后，该空间又逐渐由大变小，油压升高，压力油从出油口压出。

泵盖14右端装有填料9，通过填料压盖10和压盖螺母13压紧，可防止油沿轴渗出。

泵体1内装有衬套2，衬套2磨损后可以更换。泵体后面的两个M5螺孔用于拆除衬套。

零件目录

序号	零件名称	数量	材料	附注及标准
1	泵 体	1	HT150	
2	衬 套	1	20	
3	轴	1	45	
4	销4X35	1	35	GB/T 119.1-2000
5	转 子	1	Q235	
6	叶 片	4	45	
7	垫 片	1	工业用纸	
8	螺钉M6X16	3	Q235	GB/T 65-2016
9	填 料	1	石棉绳	
10	填料压盖	1	Q235	
11	皮带轮	1	TH150	
12	镙钉M8X25	1	35	GB/T 75-1985
13	压盖螺母	1	Q235	
14	泵 盖	1	TH150	

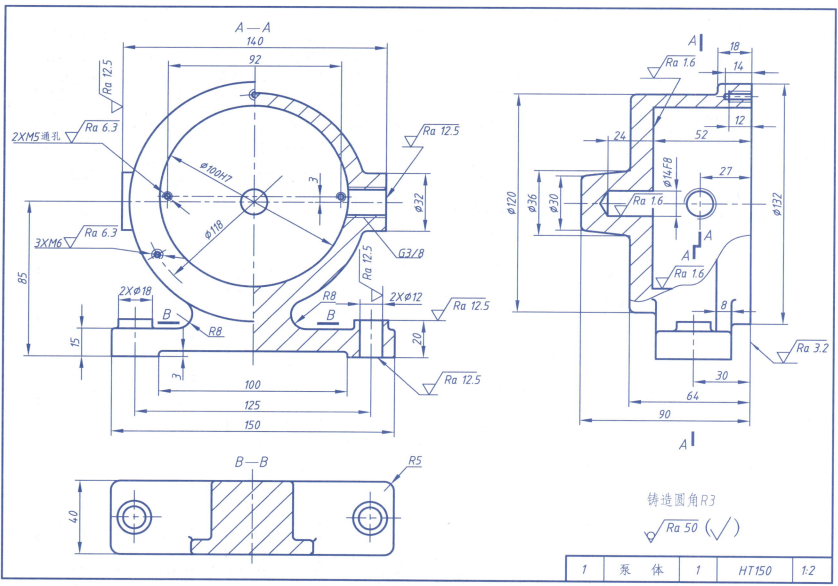

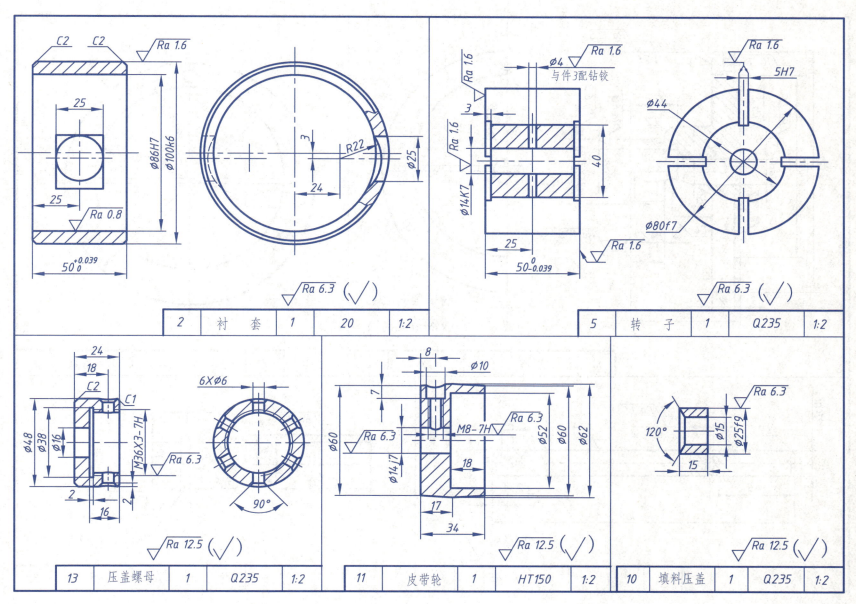

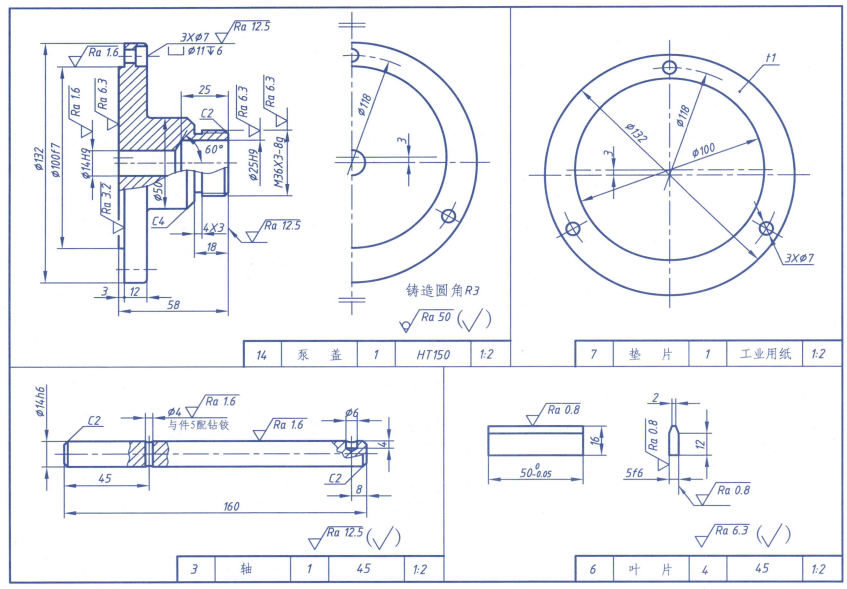

15-3 根据安全阀装配示意图和零件图，拼画装配图。

1. 工作原理

安全阀是一种安装在供油管路中的安全装置。正常工作时，阀门2靠弹簧3的压力处于关闭位置，油从阀体1左端孔流入，经下端孔流出。当油压超过允许压力时，阀门2被顶开，过量油就从阀体和阀门开启后的缝隙间经阀体右端孔管道流回油箱，从而使管路中的油压保持在允许的范围内，起到安全保护作用。

调整螺杆8可调整弹簧压力。为防止螺杆松动，其上端用螺母9锁紧。

2. 作业要求

(1) 读懂安全阀装配示意图和全部零件图。

(2) 拼画装配图（A3图幅，比例1:1）。

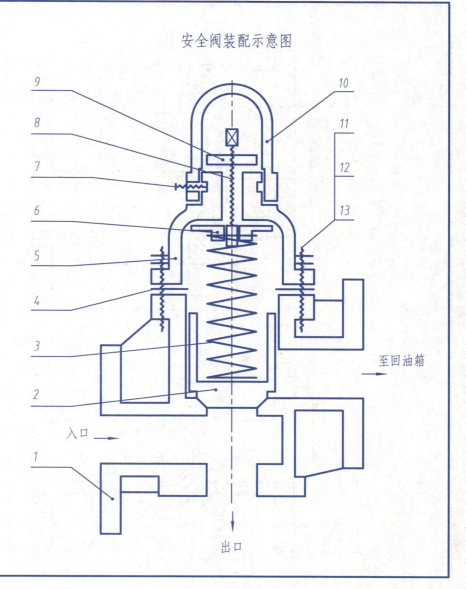

安全阀装配示意图

零件目录

序号	零件名称	数量	材料	附注及标准
1	阀体	1	ZL2	
2	阀门	1	H62	
3	弹簧	1	65Mn	
4	垫片	1	工业用纸	
5	阀盖	1	ZL2	
6	托盘	1	H62	
7	紧定螺钉M5×8	1	Q235	GB/T 75 − 1985
8	螺杆	1	Q235	
9	螺母 M10	1	Q235	GB/T 6170 − 2015
10	阀帽	1	ZL2	
11	螺母 M6	4	Q235	GB/T 6170 − 2015
12	垫圈 6	4	Q235	GB/T 97.1 − 2002
13	螺柱 M6×16	4	Q235	GB/T 899 − 1988

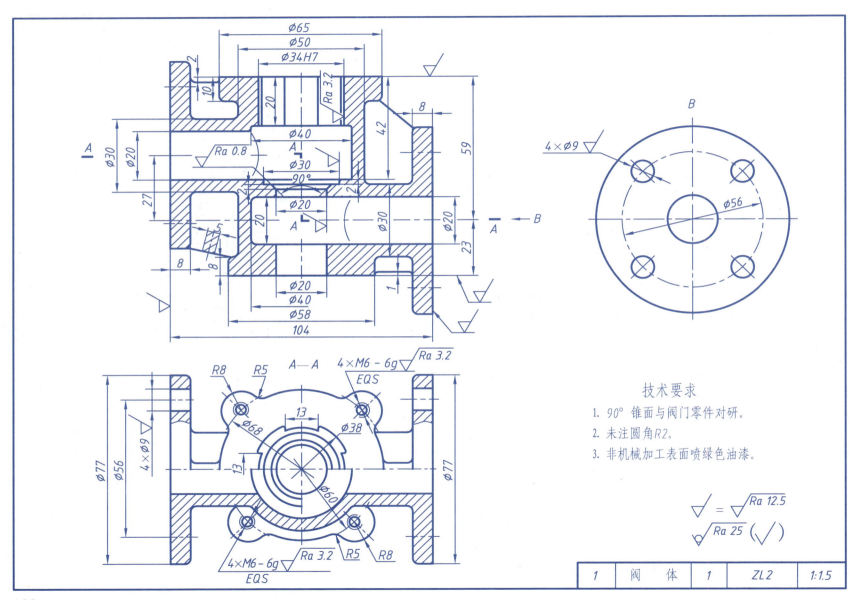

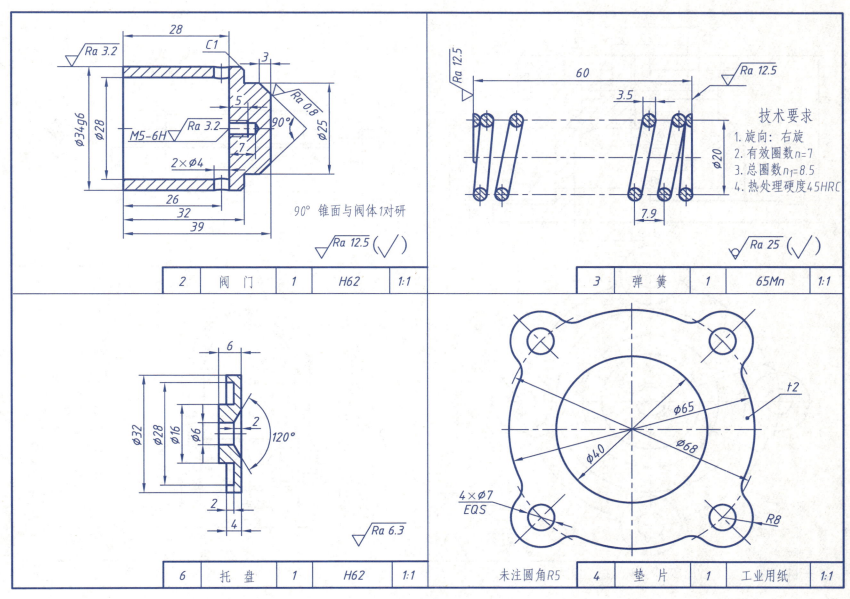

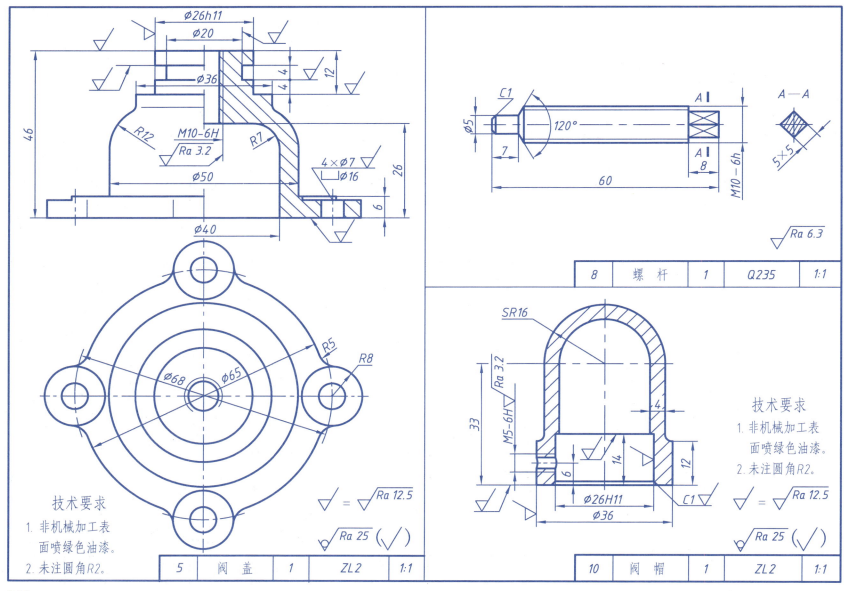

15-4 读微动机构装配图，读懂支座6和导套9的结构形状，并画出它们的零件图(自定图幅、比例)。

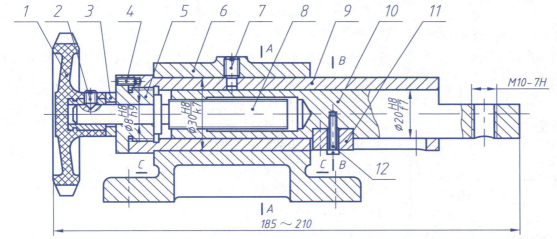

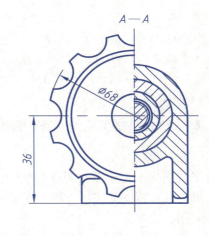

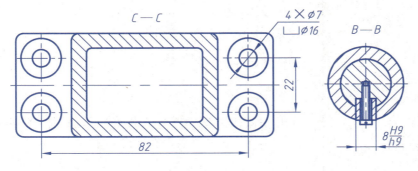

工作原理

微动机构是氩弧焊机的微调装置，焊枪固定在导杆10右端的M10-7H螺孔处。螺杆8和手轮1用紧定螺钉2固定在一起，当转动手轮1时，带动螺杆8转动，使导杆10在导套9中作轴向往复移动，对焊枪位置进行微调。

平键11在导套9的槽内用于导向，轴套5用于螺杆8的支撑和定位。

思考题

(1) 紧定螺订2、4、7及平键11的作用是什么？它们是否为标准件？为什么？
(2) 结合微动机构的工作原理和图中配合尺寸，说明相关零件之间的配合关系。

12	螺钉 M6×20	1	Q235	GB/T 65—2016
11	平 键	1	45	
10	导 杆	1	45	
9	导 套	1	45	
8	螺 杆	1	45	
7	紧定螺钉M6×12	1	Q235	GB/T 75—1985
6	支 座	1	ZL103	
5	轴 套	1	45	
4	紧定螺钉M3×8	1	Q235	GB/T 73—1985
3	垫 圈	1	Q235	
2	紧定螺钉M5×8	1	Q235	GB/T 71—1985
1	手 轮	1	塑料	
序号	零件名称	数量	材料	附注及标准

微动机构　比例 1:1.5

15-5 读平口钳装配图，并拆画零件图。

1. 工作原理

平口钳用于装卡被加工的零件。使用时将固定钳体8安装在工作台上，旋转丝杠10推动套螺母5及活动钳体4作直线往复运动，从而使钳口板开合，以松开或夹紧工件。紧固螺钉6用于加工时锁紧套螺母5,以防止零件松动。

2. 读懂平口钳装配图，完成下列读图要求。

1) 回答问题

(1) 平口钳由＿＿＿种零件组成，其中序号为＿＿＿＿的零件是标准件。主视图采用＿＿＿剖，左视图采用＿＿＿剖，俯视图采用＿＿＿剖。

(2) 活动钳体4靠＿＿＿＿＿＿与套螺母5连接在一起。转动＿＿＿＿＿＿带动＿＿＿＿＿＿移动，从而带动活动钳体作往复直线运动。

(3) 紧固螺钉6上面的两个小孔起什么作用？

(4) 丝杠10和挡圈1用＿＿＿＿＿＿连接。钳口板7与固定钳体8用＿＿＿＿＿连接。

(5) 垫圈3和9的作用是什么？

(6) 下列尺寸各属于装配图中的何种尺寸？

0～91属于＿＿＿＿尺寸，$\phi 28H8/f8$属于＿＿＿＿尺寸，

160属于＿＿＿＿尺寸，270属于＿＿＿＿尺寸。

(7) $\phi 25H8/f8$是＿＿＿＿和＿＿＿＿＿＿的配合尺寸，轴孔配合属于＿＿＿＿制，＿＿＿＿配合。$\phi 25$是＿＿＿＿尺寸，H8是＿＿＿＿＿＿代号，f是＿＿＿＿＿＿＿＿＿＿代号。

2) 根据平口钳装配图拆画零件图

(1) 用1:1的比例在A3方格纸上拆画固定钳体8的零件图。

各表面的表面粗糙度参数Ra值（μm）可按以下要求标注：

两端轴孔表面（$\phi 25$、$\phi 14$）可选1.6

上表面及方槽中的接触表面可选3.2

安装钳口板处两表面可选6.3

其余切削加工面可选25

铸造表面为 $\sqrt{Ra\ 25}$

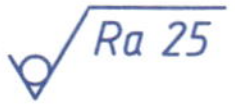

(2) 用1:1的比例在A3方格纸上拆画活动钳体4的零件图（只画视图,不标注尺寸及表面粗糙度要求等）。

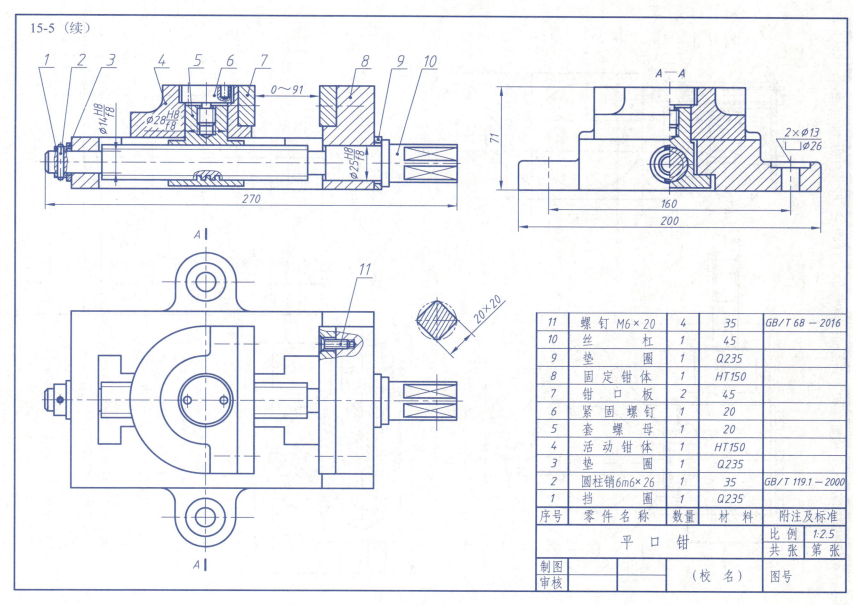

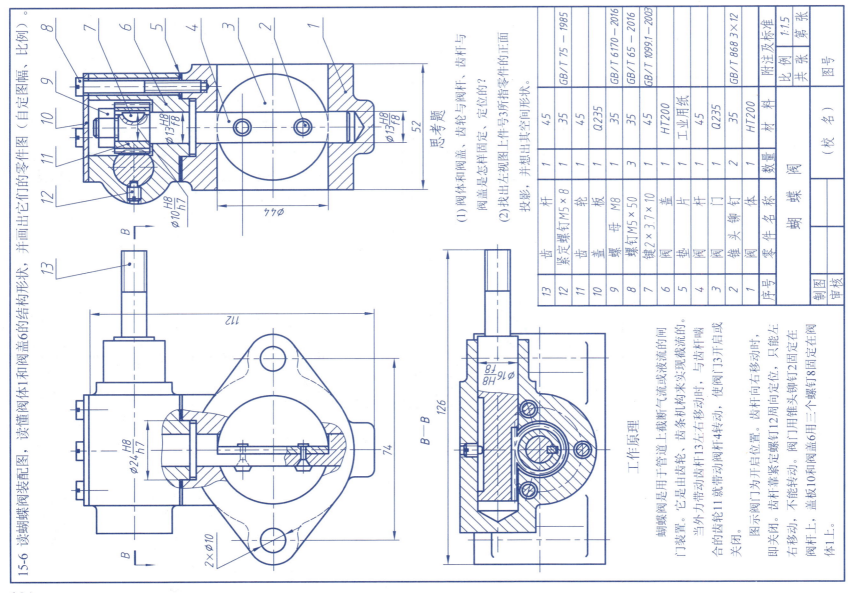

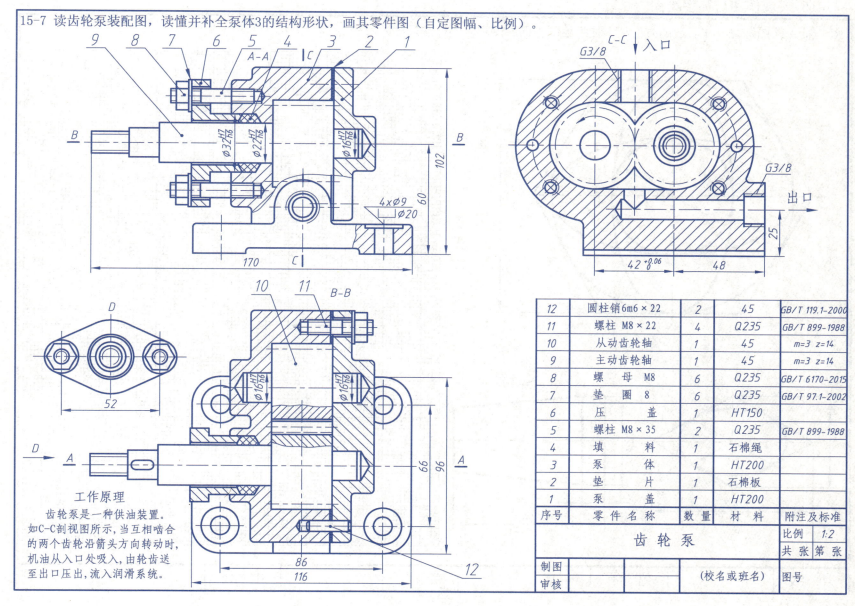

16 尺规作图与徒手绘图

16-1 徒手绘图练习（在右边的方格纸上徒手绘制下面的图形，不标注尺寸）。

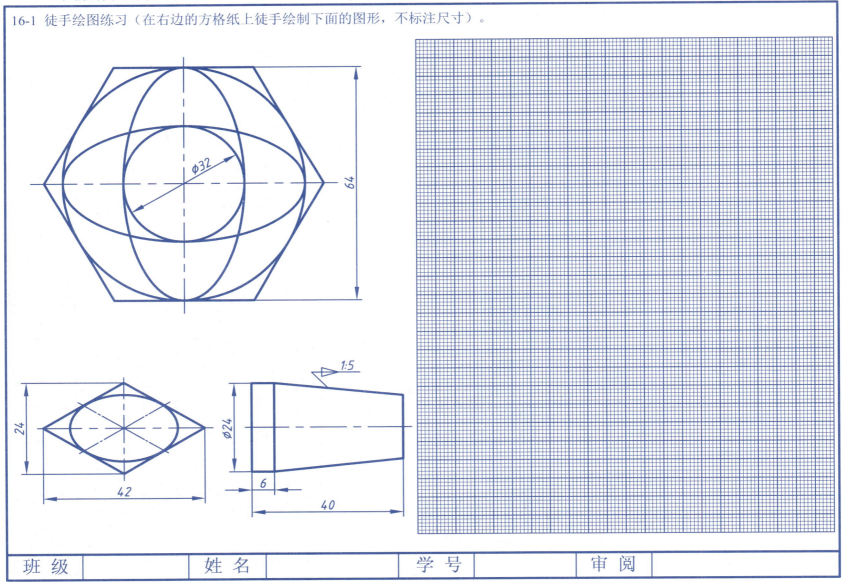

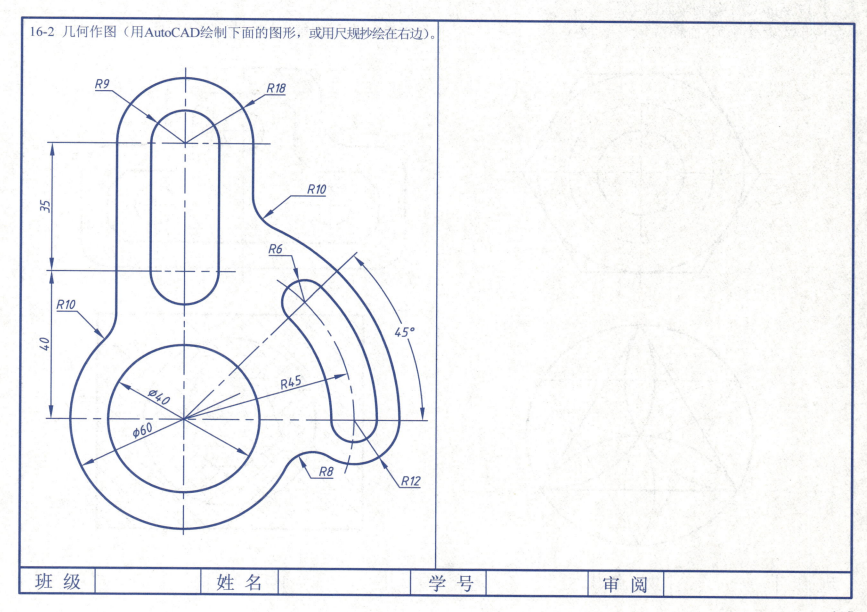

17 AutoCAD绘制平面图

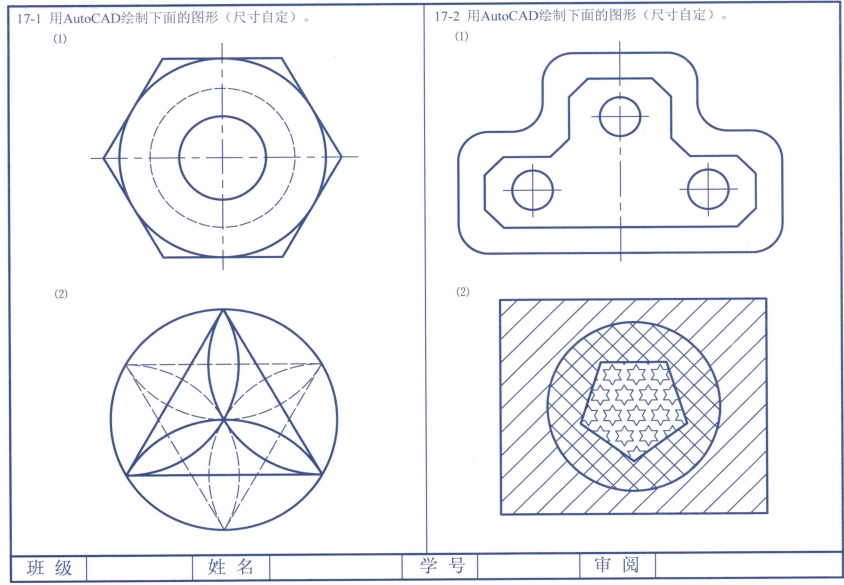

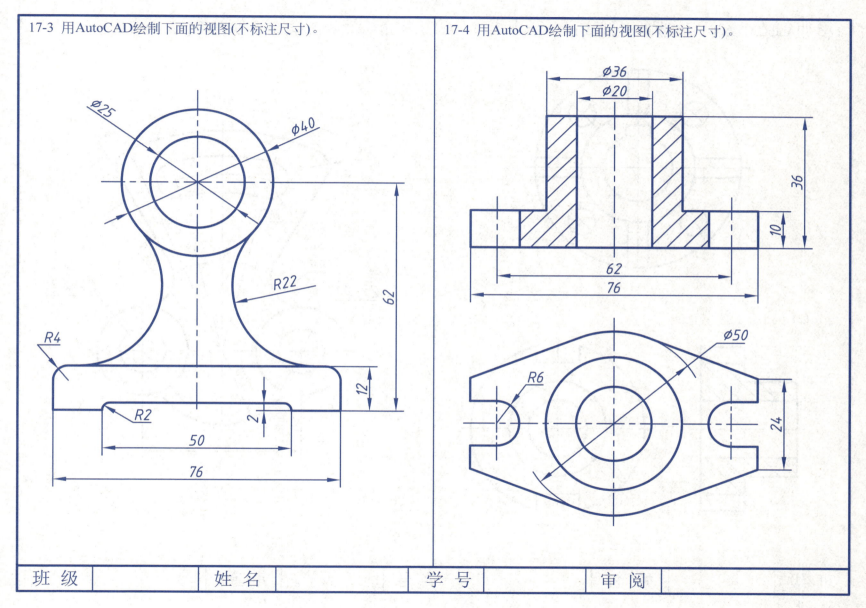

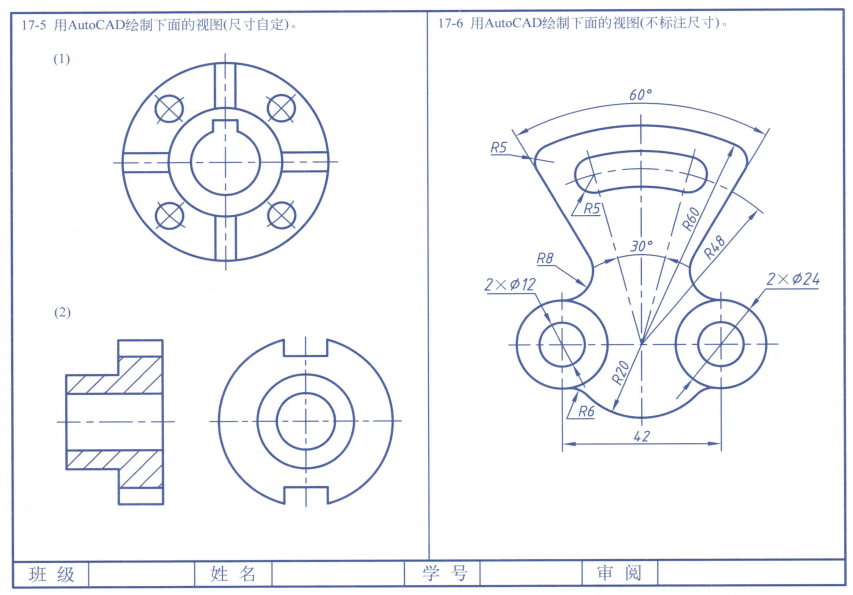

17-7 用AutoCAD绘制下面的零件图(比例1:1)。

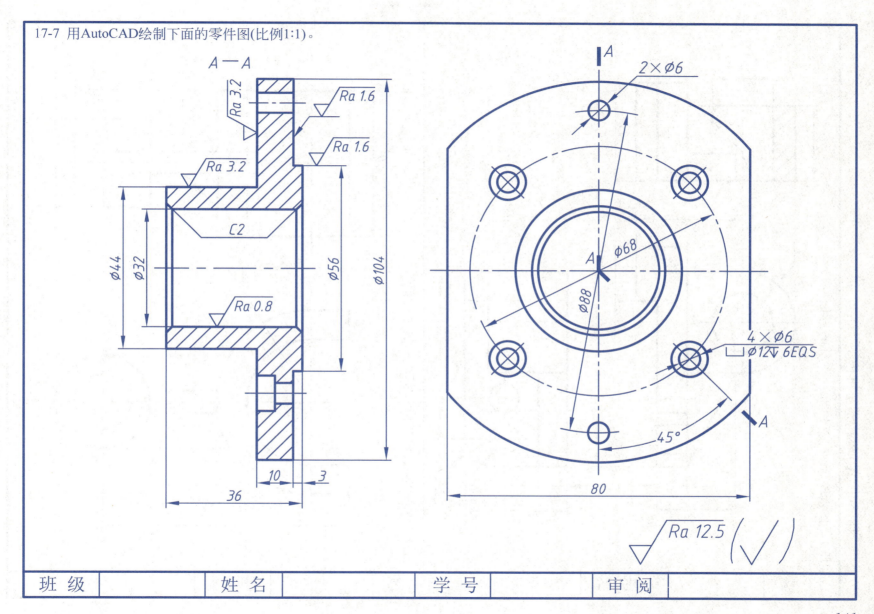

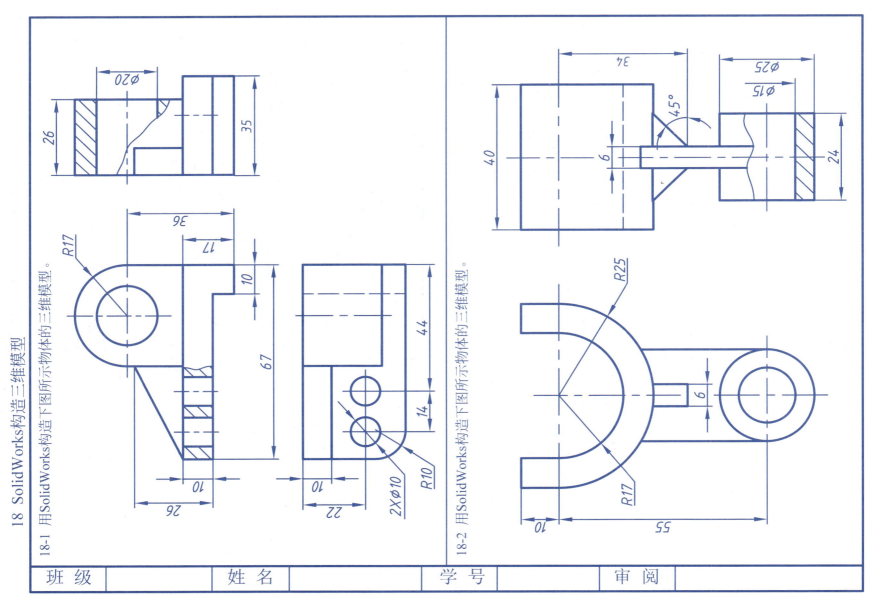

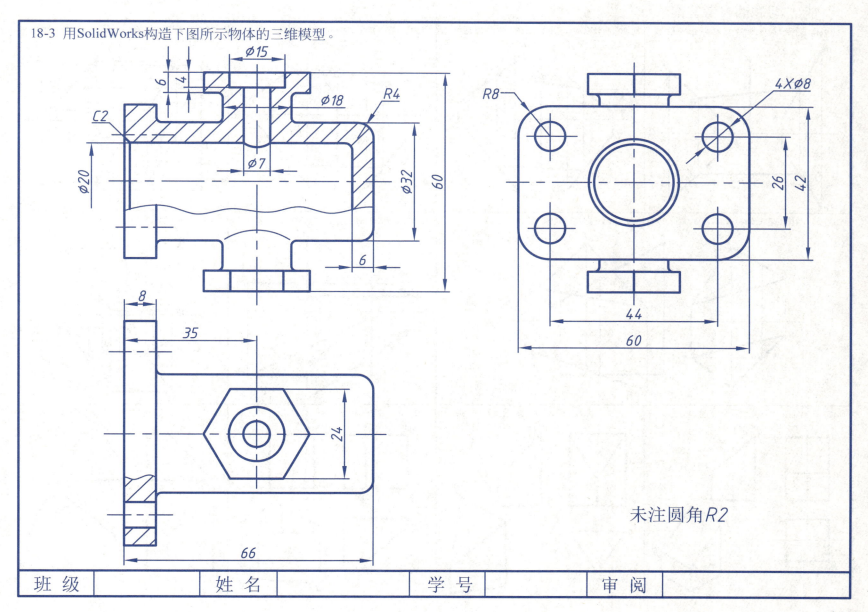

带"*"习题的参考答案

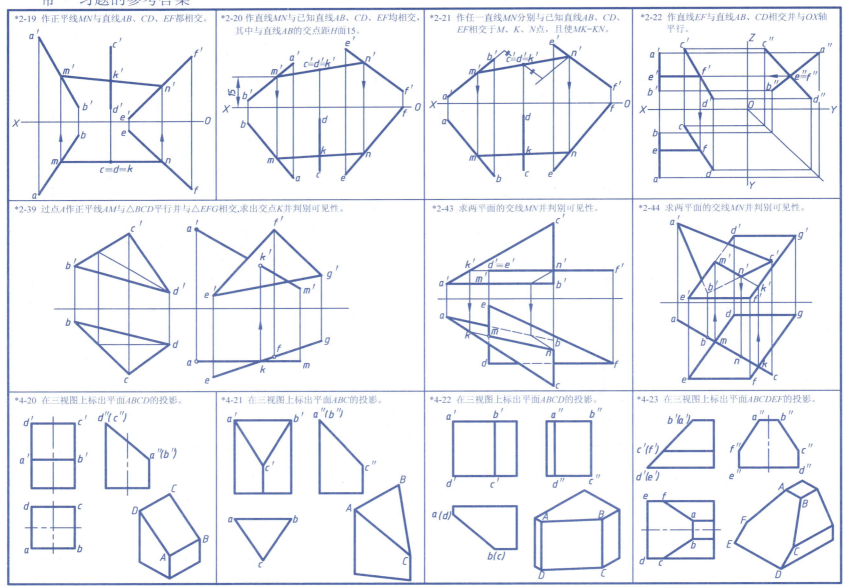

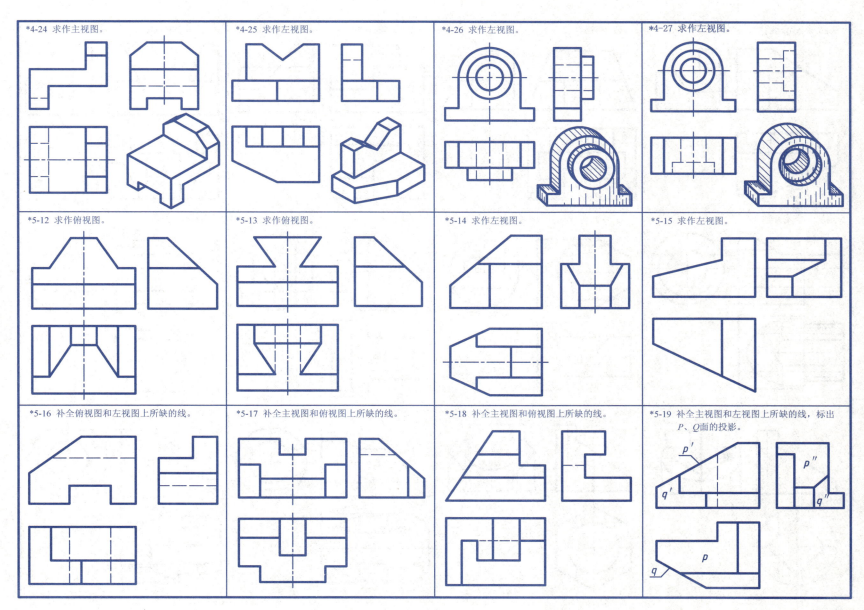

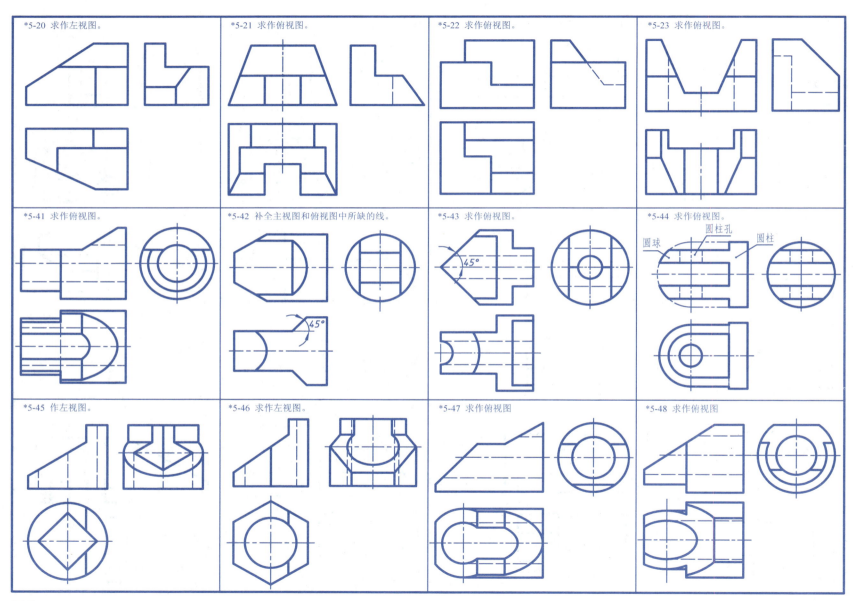

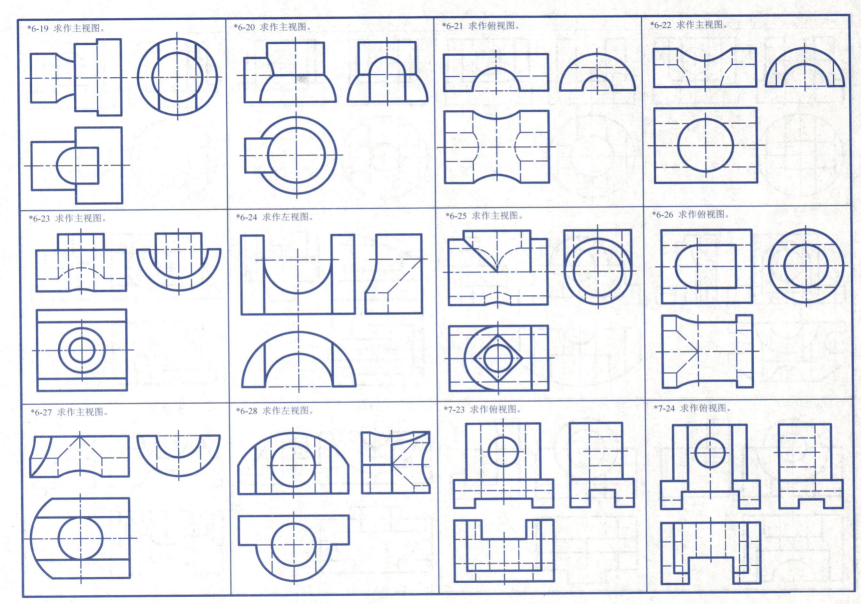

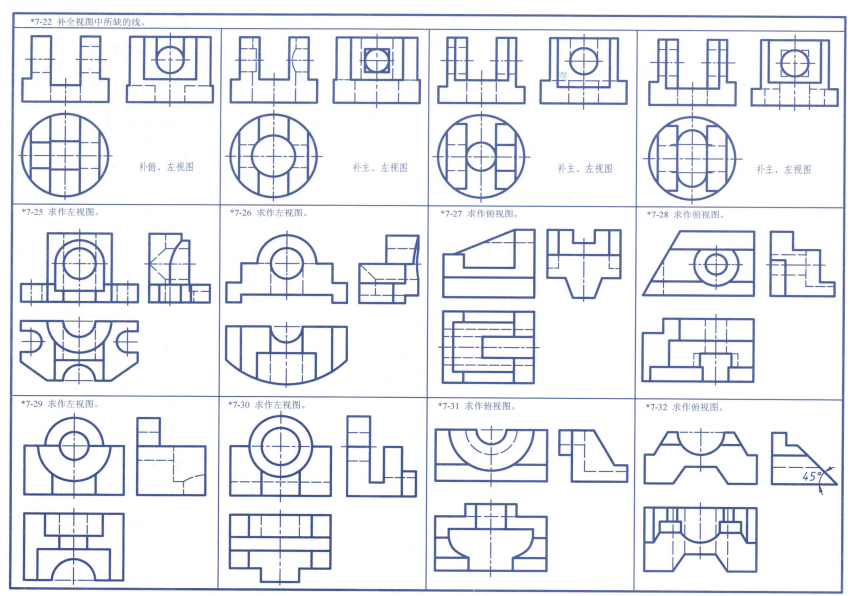

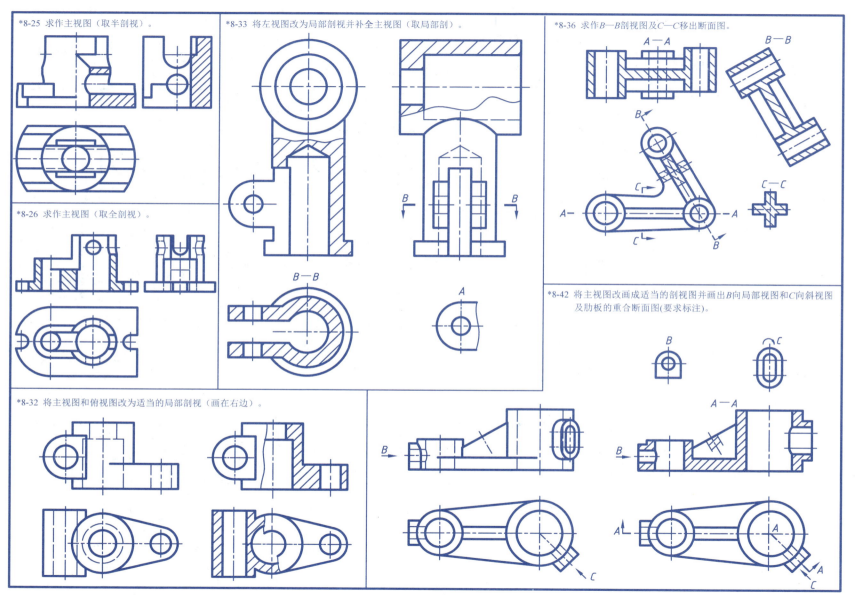